写给父母的
儿童财商
教养书

张森凯◎著

浙江人民出版社

图书在版编目（CIP）数据

写给父母的儿童财商教养书 / 张森凯著. — 杭州：
浙江人民出版社, 2022.11
ISBN 978-7-213-10734-4

Ⅰ. ①写… Ⅱ. ①张… Ⅲ. ①财务管理－儿童教育－
家庭教育 Ⅳ. ①TS976.15②G782

中国版本图书馆CIP数据核字（2022）第157523号

浙江省版权局
著作权合同登记章
图字：11-2020-441 号

写给父母的儿童财商教养书

张森凯 著

出版发行：浙江人民出版社（杭州市体育场路 347 号　邮编：310006）
　　　　　市场部电话：（0571）85061682　85176516
责任编辑：王　燕
特约编辑：陈世明
营销编辑：陈雯怡　赵　娜　陈芊如
责任校对：杨　帆
责任印务：刘彭年
封面设计：济南新艺书文化有限公司
电脑制版：济南唐尧文化传播有限公司
印　　刷：杭州丰源印刷有限公司
开　　本：650 毫米 ×960 毫米　1/16　　印　　张：15.25
字　　数：146 千字　　　　　　　　　插　　页：1
版　　次：2022 年 11 月第 1 版　　　　印　　次：2022 年 11 月第 1 次印刷
书　　号：ISBN 978-7-213-10734-4
定　　价：58.00 元

前　言

你想传承给孩子什么样的财商基因

你知道吗？你对待金钱的方式将深深地影响下一代！

小时候，你是否听过父母的告诫："没事不要碰钱，上面布满了细菌！"这句话虽然强调的是卫生问题，但无形中可能也表达了大人对金钱的态度——金钱仿佛和毒品一样，是"碰不得"的东西。父母如此"谆谆告诫"孩子，是不是也让孩子对金钱产生了异样的感觉呢？

你可能会让孩子参加许多才艺培训课程或各式各样的补习班，但在金钱教育上呢？我相信，让孩子获得正确的财商教育，是帮孩子赢得未来人生的必备条件。可惜的是，这么重要的金钱理念，学校没有教，父母也不知从何教起，最后孩子只能独自摸索，却不一定能走向正确的道路。

在我成了两个孩子的父亲后，太太的一句话"以后孩子的理财教育就交给你吧！"让我起心动念，我想为孩子找到一套合适的财商教学体系。另外，我也想总结自己在金融服务业超过 15 年的经验和体会，为广大父母提供正确的理财教育方法。

在 2008 年金融危机期间，我看到有的客户因资产缩水七成得了抑郁症，也看到有的家族因遗产分配大战家破人亡。我认为，成人在财务上犯的错误通常难以弥补，付出的代价也极为巨大，因此我有责任为孩子的财商教育付出努力，让孩子从小养成正确的金钱观。

我之所以如此关注孩子的理财教育，还因为"从孩提时代开始学习理财的'成本'较低"！一个 5 岁孩子犯的财商错误，可能只是买了自己"想要"的东西；一个 30 岁年轻人犯的财商错误，可能是存不到人生中的第一桶金；一个已届退休年龄的人犯的财商错误，可能是没有足够的养老金维持生活。你发现了吗？在理财学习上，一个人越晚开始，他在财务上犯下的错误就越大，成本也就越高！

因此，我和太太成立了"布莱恩儿童商学院"，至今已为超过 3 万人次的孩子进行了财商教育。我们改变了 3 万多个孩子的用钱习惯，其中包括了解"需要"和"想要"、如何分配零用钱、正确地处理红包、进行简易投资……我们所触及的区域不只从大都市到偏远乡村，更从台湾地区的东部到大陆的山东、深圳。回想起来，我的职业生涯就这样从金融服务业逐渐过渡到教育行业。有时候想想这样的转换真是不可思议！

　　让我觉得骄傲的是，我们有幸服务这么多孩子及其家庭，看见了孩子愿意忍住消费欲望，学会不乱买东西、延迟享乐，懂得父母工作的辛劳，进而对父母充满感恩；也看见了孩子在课程中愿意与他人一起合作……我们深知养成这些小小的习惯，会让这些孩子在未来的生活乃至人生中有所不同。

　　学习财商知识，从来都不是参加完理财训练营就结束了，这是一辈子的素养课程，而且越早开始越好。孩子越早认识金钱，越能避免往后的错误。诚挚建议家长们，在孩子5岁时就要开始为其建立正确的价值观与金钱观！

　　对于孩子的财商教育，布莱恩儿童商学院有着"有效提升儿童财商，让幸福从小扎根"的使命。所以，在过去几年里，我们努力在课程及相关的师资培训、父母教育上进行突破，期盼让财商的种子在更多孩子心中发芽，让孩子与父母都能更好地把握自己的未来。

　　我们的努力幸运地被台湾大好书屋看见，它帮助我们将这几年的工作心得结集成册并出版。更荣幸的是，这本书由浙江人民出版社在大陆出版简体版，与更多的父母分享。这本书将是你的财商教养工具书，让你省下时间与金钱。这本书更是帮助父母树立孩子金钱观的快捷通道，父母只需要投入一些时间，就能用书里的方法引导、陪伴孩子一起落实财商教育。这本书不只给你步骤、方法去理解财商，更重要的是，书中关于理财的知识还将给孩子一个公平竞争的机会。

　　我希望，我们的孩子不仅可以赢在起点，还能赢在终点——赢在终点的核心能力是理财力。我们愿意陪你从零开始，一起培养孩子一生受用、正确的理财观念。

目 录

第 2 章

财商教养的第一步——储蓄，从建立财务目标开始 / 051

第 3 章

学习当个金钱的好管家——消费，先别急着吃棉花糖 / 095

第**4**章

理解工作与收入的关系

——收入，天下没有免费的午餐 / 133

第**5**章

学会分享，让世界更美好

——捐赠，帮助他人的宝贵能力 / 161

第 1 章

孩子学习财商，能学到什么

——一堂学校没有教的理财课

★ 理解什么是财商
★ 如何跟孩子讨论金钱
★ 父母的正确心态

从事儿童财商教学多年、与众多孩子分享金钱理念后，我惊觉，原来该上课的是父母！许多父母自己都没有理财知识，又怎能在生活中落实家庭理财规划呢？

这本书将协助你与孩子一起落实生活中的财商教育，书中包含我多年教学课程里的实际教学方法，这些方法可以被轻松运用在生活中。希望这样系统的教学，可以让大家跟孩子一起简单学理财，并在教导孩子的同时调整自身的理财习惯，从而提升财商。

每个人都要作答的财商考卷

财商（Financial Quotient，简称 FQ），即财务智商，是一个人"认识金钱"和"驾驭金钱"的能力，与智商（Intelligence Quotient，简称 IQ）、情商（Emotional Quotient，简称 EQ）并列为"现代社会不可或缺的三大成功要素"。

◎ 你上第一堂理财课是在什么时候

你一定经历过第一堂美术课，或许你还记得第一堂音乐课上的"Do、Re、Mi"发声练习，以及接踵而来的英语课、数学课、自然课……我们穷尽少儿时光学习书本知识、课后才艺。但你知道吗？所有知识与才艺伴随你的时间是有限的，而这份名为"财商"的考卷却在你还没来得及学习前就已经发下，你也不知不觉地早就开始作答。考卷上的题目不是是非题，而是一连串的选择题，每一个选择都有蝴蝶效应般的影响。残忍的是，你必须用一生的时间去作答；但幸运的是，你可以从现在开始好好答题，赢得幸福！

FQ 小教室 | 何谓财商 ▶ ▶ ▶

　　财商即金融智商，是一个人"认识金钱"和"驾驭金钱"的能力，是一个人在理财方面的智慧。财商的概念最早是由《富爸爸穷爸爸》一书作者、美国房地产和小型公司投资人罗伯特·清崎与注册会计师、资深经理和咨询专家莎伦·莱希特于 1999 年 4 月首次提出的。

　　身为父母，我们总是希望孩子长大后能独立自主，希望孩子的未来生活能有更多选择。不过，我们常常忽略的是，财富自由不只来自赚钱的能力，更取决于理财的能力。通过这本书，和孩子一同学习财商知识吧！在教孩子的过程中，父母不单是孩子的理财启蒙老师，更是影响孩子一生价值观的"理财教练"，让我们一起把这张财商的考卷答得漂漂亮亮的！

◈ 10 多年真空的财商教育

　　在儿童财商课程中，我常常问前来上课的家长一个问题："你的第一堂理财课是在哪里上的？"这时，通常会先陷入一阵沉默，接着有人开始回答"大学时上过经济课"或者"我是学会计的"，也有人说"是跟妈妈学的"……其实，我们在大学学到的这些内容只能被称为"财务知识"，它们并不能教你"理财"。若你毕业后不从事相关工作，那你用到这些财务知识的机会少之又少。

所以，我说这是 10 多年财商教育的真空——在 5~22 岁的学龄岁月中，没有人真正教过我们"理财"。而我们也可能会放任自己的孩子在这 10 多年中独自建立自身的理财观。

请父母朋友们仔细想一想，虽然我们没有在学校上过理财课，但我们都拥有自己的理财观及使用金钱的方式。也就是说，我们都有自己的财商。这些财商的养成可能是通过模仿、学习而来的，却不一定是正确的。我想跟父母朋友们分享的是，孩子的财商训练其实跟大人的并没有太大的不同，大人有时也搞不清楚什么是自己"需要"的、什么是自己"想要"的。因此，在这本书的分享中，父母也可以同步学习。

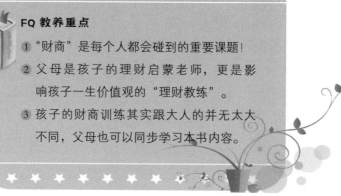

FQ 教养重点

① "财商"是每个人都会碰到的重要课题！

② 父母是孩子的理财启蒙老师，更是影响孩子一生价值观的"理财教练"。

③ 孩子的财商训练其实跟大人的并无太大不同，父母也可以同步学习本书内容。

② 如何与孩子讨论金钱

我家有两个男孩，有一天，我听见他们在餐桌上与外公的一段有趣对话。

大儿子："外公，我看到 ×× 报纸上有写作比赛活动，参赛的获奖者可以得到 200 元（新台币，全书同）的稿费，什么是稿费啊？"

外公："作者向报纸或出版社投稿所得到的报酬就是稿费。"

小儿子："那哥哥你从明天开始就早点起来写作吧！"

外公听了，疑惑地问孩子们的妈妈："他们两个怎么这么想要赚钱啊？"

全家哈哈大笑。

那时大儿子刚上小学一年级，才学写字没多久。

这在我们家其实是一段很习以为常的对话，但孩子外公听来难免会觉得奇怪（虽然没有指责的意思）："那么小的孩子，怎么会这么想要去赚钱?!"

◎ 谈钱，是培养孩子价值观的好机会

大部分父母在传统教育的影响下，觉得谈钱不自在。很多人曾听过这样的告诫：亲朋好友间不要谈钱，因为谈钱伤感情。

很多父母不敢谈钱，担心有关金钱的讨论会跟"自私""小气""势利"画上等号。在这里，我想请父母朋友们放心，和孩子讨论金钱其实是建立孩子的品格、价值观，以及培养孩子正确管理金钱能力的好机会——一个可以控制好金钱的人，才能把握自己的人生。

◎ 从何时开始跟孩子讨论金钱

那么，到底从什么时候开始跟孩子讨论金钱比较合适呢?

其实，从孩子知道钱有支付的功能，或者在物质上会跟你讨价还价的那一刻起，父母就该正视现状，把握机会，与孩子沟通有关金钱的问题了。

年纪小的孩子可能还没有完整的金钱概念，所以我们可以从"这些东西不是免费的"开始跟他们讨论金钱，让他们知道不该有不劳而获的观念，进而告诉他们"有工作，才有所得"。这样跟孩子讨论金钱是一个很好的开始。

◎ 如何跟学龄前儿童展开关于钱的对话

"要怎么开始跟幼儿谈钱？"很多学龄前孩子的妈妈有这样的烦恼。

美国知名理财顾问、财经作家贝丝·柯林娜（Beth Kobliner）在其著作《如何培养高财商孩子：影响孩子一生的金钱对话》（*Make Your Kid A Money Genius: Even If You're Not*）中提到，未必要谈那些具体的数字，可以先为孩子建立工作与金钱的关系，比如，要求他们每天做点简单的家务事，就算孩子只有一岁半，也可以帮忙收纳鞋子、挂外套，年龄大一点的孩子可以擦拭碗盘、清洁桌面，用意在于将家务事融入孩子的日常生活。

贝丝·柯林娜建议父母可以在某一天带孩子一起去上班，使其了解父母的工作内容，并跟他们强调：有工作，才能攒钱买房子、食物与玩具。如果有机会，父母还可以跟孩子聊一聊日常生活中看到的一些工种，比如餐厅老板、医生、技师……让他们知道这些人都在通过工作赚钱，从而在孩子心中播下以后要认真工作的种子。

◎ 从生活出发，找出和孩子讨论的各种素材

其实，对于生活中的各种事，比如油价与物价的浮动，父母都可以跟孩子进行相关的讨论——将看似复杂的生硬

新闻加以简化后向孩子说明。而对于人类正在面临的新型冠状病毒肺炎疫情，父母除了跟孩子说明为何要戴口罩、勤洗手，也可以聊聊疫情会对哪些行业造成影响。人们不敢出入公共场所、尽量少出门，是不是大大地影响了旅游、航空及餐饮等行业？如果你是这些行业里的老板，你有何应对之策？这些都是可以跟孩子讨论的素材。

理财，就是生活 ▶▶▶

教孩子学习理财，其实不需要给他们灌输生硬的知识，而应该从日常生活中着手。我十分重视这本书与生活的关系。只有在日常生活中自然地培养财商，让孩子觉得跟金钱打交道很有趣，他们才会主动、自发地学习、成长。

开始越早，害怕越少；练习越多，效果越好

你对孩子有关金钱的提问感到害怕吗？别担心，你可以在这本书中直接找到相关答案，来回答孩子的疑问。

其实，"怕"这个字拆开来看就是"心里空白"。大多数人很容易对未知的事物感到害怕。假如我们很少有机会跟孩子讨论金钱，那么对孩子关于金钱的提问很可能就会感到不知所措。据我观察，许多父母不是不愿意回答孩子的疑问，而是怕"说错了"，抑或是在找寻一个比较好的答案。

我们应该学会与孩子进行如何对待金钱方面的沟通，将孩子的每一次提问都视为"和孩子在如何对待金钱方面取得共识的一个机会"。父母若在此时把握住了这个机会，就能够好好地传承关于财商的智慧。

其实，孩子的理财教育中"理"的不是财，而是对金钱的一种控制。这是一个长远的重要工程，若基础建设做得好，孩子长大后在财务上犯的错就会比较少。我们要让孩子先能控制欲望，再学习理财，这才是正确的顺序。切记，开始越早，害怕越少！

财商的积累是需要通过练习达成的，就像学习语言一样，练习的次数越多，效果也就越好。

FQ 教养重点

① 一个可以管理好金钱的孩子，未来也能够把握自己的人生。

② 当孩子知道钱有支付的功能，或者在物质上会跟父母讨价还价时，父母就可以开始跟孩子进行有关金钱的讨论了。

③ 培养财商的正确顺序：先控制欲望，再学习理财。

3

自学财商，父母应具备的三种心态

在台湾地区，自学教育越来越普及，非体制教育也非常受重视，很多家庭还会移居到相关学校附近，以便就近照顾求学的孩子。父母的主要目的是，让孩子的学习和生活相一致，当然，所费不赀。

古时的"孟母三迁"令人惊叹，而如今这已经是一种常见现象。我很佩服这些父母的勇气，因为这意味着这些父母要做出牺牲，大幅调整原有的生活方式。

◎ 财商的自学教育

无论是自学还是现代版的"孟母三迁"，都意味着一件事，就是传统的学校教育已经无法满足现在所有孩子的学习需求——据我们观察，金钱教育尤其如此。新加坡或中国香港地区，早在10多年前就将金钱教育纳入小学课程，希望孩子能够尽早对金钱有一个基本的认知。学习财商知识，即学习运用金钱的能力，若能在孩提时代落实相关的教育，就能避免许多未来潜在的社会问题。

我们的孩子在就学的 10 多年间，会进出校门许多次，会学习很多能力来应对日后的工作。可是，他们在进入社会那扇大门后就会发现，学校教会了他们技能以及怎样获取报酬，却没有教会他们如何处理工作换来的收入。俗话说，"一分耕耘，一分收获"，我们都知道有付出才有回报——但可惜的是，没有人教我们"该如何处理"那份来之不易的回报。

这就像学校给了孩子鱼竿，也教会了他们钓鱼的技术，日后他们也钓到鱼了，但是孩子每餐只能吃生鱼片，因为他们根本不会做料理。我认为，儿童财商教育除了教孩子钓鱼，还会让孩子学会生火、掌握刀工、把握火候、挑选食材和器皿，最后还可以组织团队一起捕鱼（系统性收入），让孩子在学会生存的技能后，能够进一步学习管理及运用自己的所得。

◎ 三种基本教养心态

很多父母听到"理财"或者"经济"这些字眼后，就会马上"关起耳朵"。假设在你眼前摆上有关经济和娱乐的两份报纸，让你选择其中一份阅读，我想大多数人都会拿起后者吧？娱乐和八卦总是能吸引人们的注意力，而且大脑对这些议题也不必多加思考。

大多数人不选择前者的主要原因是，无法理解其中的内容，对听起来很严肃的经济用语感到头痛，也觉得其中的内容与自身无关，因此不愿意花时间去了解。

其实，理财就是生活，生活就是理财。父母朋友们请放心，我绝不谈艰深的道理，而是要协助大家用通俗的语言教孩子学会理财。

首先，我希望父母朋友们先建立三种基本的心态。

把金钱当作一种教具，反复练习

若你想及早用正确的方式带领孩子建立正确的金钱理念，那么第一步在心态上你应该先把金钱当作一种"教具"，这种教具可以用来训练孩子使用金钱的方式。而你就是孩子的第一位"理财教练"——从"练习"的心态开始。

我们以前在玩"大富翁"游戏时，手里拿着游戏钞票，一栋一栋地买房子，还有翻开机会卡、命运卡的惊喜。当时我们手中拿着的游戏钞票，就是游戏里的教具。如果在游戏里亏钱了，我们也不会难过太久。

在真实世界里，我们当然不会给孩子一大把钞票让他们去随意购买。不过，我希望父母朋友们在这段时间内，先把金钱视为一种教具，重点在于让孩子练习——就算此时犯错，也在可以接受的范围内，也有时间加以调整。

试想，父母带孩子到便利店购买商品，结账时却以信用卡或手机支付，看到这样的情景，孩子会怎么想呢？是否会误以为大人出门购物不用支付就可以将商品带回家？在这个电子支付盛行的时代，我们越来越少看到"用真正钞票进行交易"了。

所以，我们必须给孩子接触金钱的机会，在心态上也必须把金钱当作教具看待，并耐心地让孩子反复操作。

财商的建立，是聊出来的

我猜想父母不跟孩子谈钱，可能是害怕孩子变得势利、贪财，或者产生其他负面品格、行为。其实，跟孩子谈钱非常重要，因为我们现在生活的社会是一个经济社会，而未来将是比现在更加发达的经济社会。

学理财，就像学语言，需要练习 ▶ ▶ ▶

金钱是一种工具，也是一种语言。练习得越多，理财技巧就越好！

我们的生活、工作有很大部分都是在与钱打交道，若是父母不谈钱，学校也不谈钱，那孩子要从哪里学习到与金钱有关的知识和技能呢？所以，我们必须要跟孩子谈钱。除此之外，更重要的是谈"价值观"。

举个例子，当孩子提出想买乐高的要求时，你是答应还是拒绝？这其实是一个对话的过程，而财商的智慧就在对话的过程中产生了。

用游戏的心态进行，并且容忍孩子犯错

7 岁的孩子可能犯的财商错误，无非就是乱买东西；30 岁的成人犯的财商错误，可能是成为"月光族""啃老族"，没办法存下人生的第一桶金；已届退休年龄的人犯的财商错误，可能是没有足够的养老金安享晚年——越晚开始犯错，错误的影响就越大。你能理解其中的差距吗？

孩子正处于学习的好阶段，有大把时间犯错，也有大把时间修正。也就是说，孩子现在"玩得起"，对父母来说，成本也较低。我们不要过早介入孩子关于购买或者储蓄的判断，因为孩子现阶段正处于犯错并进行修正的阶段，这些经验相当宝贵。

如果人的一生至少要犯一次关于金钱的错误，我一定选择在孩提之时。我深信儿童财商教育的最大优点就是犯财商错误的成本低，父母用游戏的心态带领孩子进行这种教育是很重要且极具价值的。

FQ 教养重点

① 教孩子理财时，要把金钱当作一种教具，并给孩子反复练习的机会。

② 金钱观最好建立在亲子对话的基础上。

③ 给孩子犯错的机会。

好情商与好财商

现代社会关系复杂，许多社会问题一般源自三大方面——情感、权力与金钱。比如，因情感关系不平衡以及权力、位置上的不平等而产生的不愉快甚至争斗等社会事件，因金钱分配不均、贫富差距等问题而产生的借贷纠纷或者遗产争夺，等等。

无论是情商还是财商，对孩子的人格培养都非常重要。身为父母的我们，都该好好重视并学习这门课，与孩子尽早在金钱方面进行互动，培养孩子"控制金钱"的良好能力。

学习理财，也能教出好品格

没有好的情商就没有好的财商，一个人使用金钱的方式与其人格特质有很明显的正相关关系。

美国百万富翁训练营（Camp Millionaire）创办人伊丽莎白·多纳蒂（Elisabeth Donati）说过，一个人做一件事情的方法与态度，就是他面对所有事情的方法与态度。我认为，儿童理财教育的本质其实是一种生命教育，并且能特别彰显以下三大品格。

责任感——为自己拥有的金钱与未来负责

如果一个孩子能学习为自己的金钱负责，他未来就有很大的概率能为自己的人生负责。金钱是汗水的报酬、智慧的结晶，也是能力的证明；它是一种尊严，更是一种肯定。孩子看待金钱的方式若不正确，后果必定堪忧。

大家都曾在学校看到有小朋友喜欢"用钱交朋友"，比如，常常把自己的东西送给他人等。如果常常发生类似的状况，父母一定要借这个机会教育孩子："用这种方式交到的朋友，其实只是喜欢你的东西，而不是喜欢你这个人。当你没有钱、没有这些东西的时候，你觉得这些朋友还会在吗？"

现在的社会形态与传统社会已大不相同，现代的孩子容易受到网络与社群的影响，因此亲子关系、家庭教育更加重要，需要父母加倍重视。只有慎重地告诉孩子"每一元钱的收入，都是爸爸妈妈通过努力获得的"，让孩子学会珍惜并加以善用，才能让孩子对金钱产生责任感。

控制力——解决问题，控制预算，团队合作，掌握时间和情绪

有句话说，当我们的野心超过能力时，就是灾难的开

始。有些人一旦心情不好就想去购物或大吃大喝，这其实就是无法有效控制自己情绪的一种表现。对情绪和金钱的控制能力，都需要反复操作、练习，需要父母和孩子一同努力。

财商是一个人认识金钱和驾驭金钱的能力，也是一个人在理财方面的智慧。驾驭的能力就是一种控制力，很像学习开车的前期，我们要学会控制方向盘，注意路线、交通、信号灯指示，以及保持前后车距。等我们熟悉了这些模式以后，开车自然就成为一种习惯，不需要花费太多力气。对金钱的控制力就跟练习控制方向盘一样，配合油门的适当踩踏，就可以开往康庄大道。

一个人要学习的财商控制力包括解决问题的能力、控制预算的能力、团队合作能力、掌握时间和情绪的能力。这些积累并非来自单一的素养学习提升，而是需要多元素养的培养提升。

抉择力——学习机会成本与取舍

机会成本是指在面临多选一的决策时，被舍弃选项中的"最高价值"。比如，父母带孩子到超市，有两个产品——布丁与养乐多，让孩子选择其中之一，若孩子选择买布丁，养乐多就是他们舍弃的选项，也就是他们的机会成本。选择就是学习取舍。"鱼与熊掌不可兼得"中的取舍，也是财商教养的其中一环。孩子有时会花很多时间做选择，甚至举棋不定，而这当中的"时间"其实也是一种成本。

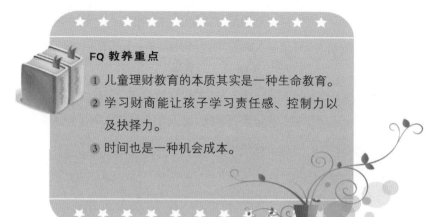

FQ 教养重点

① 儿童理财教育的本质其实是一种生命教育。

② 学习财商能让孩子学习责任感、控制力以及抉择力。

③ 时间也是一种机会成本。

5

学习理财，从善用时间开始

你的孩子放学后回家，是先写作业还是先玩？你曾因为孩子做事没有效率而感到困扰吗？

时间的分配也是一种控制力的表现。我发现，善用时间的孩子一定能有效率地善用金钱。我曾经在课堂中让孩子做通关任务，让他们模仿放学回家后的情境，并让他们在紧迫时间下完成任务，包括完成课后作业、玩游戏、与同学通电话……把这些任务按照急迫性或重要性区分，观察孩子如何分配时间。

在给孩子时间限制并催促的情况下，我观察到，只有20%的孩子能完成任务。我在后续的访问及追踪中发现，这20%的孩子在金钱分配上确实也比较有纪律性，能够延迟满足自己的欲望。

❄ 时间就是金钱吗？跟犹太人学时间观念

谈时间其实比谈金钱更重要，你一定听过"一寸光阴一寸金，千金难买寸光阴"吧？

你认为时间就是金钱？其实不是，我们来看看犹太人是怎么看待时间的。

犹太民族是非常会赚钱的民族，在犹太人的认知里，时间比金钱更为重要！他们切实地知道，时间代表着生命，如果能够提高做事情的效率，他们是非常愿意"花钱"的。因为只要买到了效率，就等于买到了时间。他们认为，提高效率就能够节省时间，用省下来的时间还能去赚更多！

退休，是不紧急却重要的事 ▶ ▶ ▶

退休是个严肃又残酷的议题，大部分人退休是因为时间到了，而不是养老金足够了。台湾地区规定，一个人到65岁可以申请年金——作为退休的经济来源之一，所以一般人会以为退休的年纪应当在65岁。但是，万一到了这个年纪，我们还没有存到足够的养老金，该怎么办？一般来说只有两条路：一是延长工作时间，二是降低退休后的生活质量。

这两个选项你都不想选，对吗？别担心，我们现在还有时间做准备。正视养老金的准备，这虽然不紧急却十分重要，所以请现在就开始计划吧！

钱可以再赚，产品可以再造，只有时间是一去不复返的！因此，时间实在比金钱重要太多了。会善用时间的孩子，在处理金钱上同样会如鱼得水，也相对提高了未来成功的概率。

◎ 重视"重要但不紧急"的事情

其实，如何安排时间是讲方法的。所有的事情都有轻重缓急之分，可惜的是，大部分人只做"重要又紧急"的事情。如果我们老是做"重要又紧急"的事情，那么我们肯定忙得团团转。其实，除了"重要又紧急"的事情，我们也应该做"重要但不紧急"的事情，也就是为未来做计划、做准备。

同样，在金钱的分配上也有轻重缓急之分。我常在课堂上问父母朋友们："你们会退休吗？你们预估自己多少岁退休？"我们都知道要为自己准备养老金，这样才有可能过好退休生活。然而，大多数人并不是明天就退休，所以通常不会有规律地加以计划，可能当退休那一天来临的时候，才发现养老金难以维系生活——那时这就是"重要又紧急"的事了。如果你能够提早规划养老金，它就是你现在"重要但不紧急"的事情。把"重要但不紧急"的事情做好了，你就能拥有从容不迫的人生。

FQ 教养重点

① 能够控制时间的孩子，就能控制金钱，也能够掌握自己的未来。

② 谈时间其实比谈金钱更重要！

③ 除了"重要又紧急"的事情，也应该重视"重要但不紧急"的事情。

必学！N字排列法

在这个单元里，跟孩子一起来学习如何利用N字排列法妥善管理我们的时间吧！

小朋友，你是一个动作快的人还是一个动作慢的人呢？你的时间够用吗？

事实上，随着不断长大，你会发现自己的事情只会越来越多。如果你现在觉得时间不够用，那么你可能需要调整一下自己做事的方法了。当觉得事情很多时，你先别急着没头没脑地开始做，应该坐下来，为事情做个排序。利用N字排列法，你就能清楚地知道应该先做哪一件事。

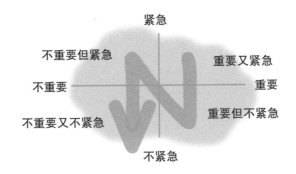

紧急

不重要但紧急　　　　　　　　重要又紧急

不重要　　　　　　　　　　　重要

不重要又不紧急　　　　　　　重要但不紧急

不紧急

1. 先画一条横线，在横线的右边写上"重要"，左边写上"不重要"。

2. 在横线的中间画一条垂直线，上面写"紧急"，下面写"不紧急"。

3. 接下来，在这个坐标轴上画一个大大的英文字母"N"。

4. 看到了吗？做事的顺序就这样排列出来了：从右上方开始跟着"N"走，你最先应该做的是"重要又紧急"的事，然后花一点时间处理"不重要但紧急"的事情，接着主要处理"重要但不紧急"的事，最后处理"不重要又不紧急"的事。

亲子都适用的 N 字排列法 ▶▶▶

父母朋友们也可以使用这个方法，画出一个属于你的N字排列法。当事情很多的时候，先不要沮丧，把事情写下来一件一件排进去，然后有条理地安排每一件事，一起和孩子善用时间、拥抱效率！

我们相信，学会分配时间就等于学会了分配金钱，时间安排有轻重缓急，处理金钱亦是如此。让孩子在学习分配金钱的同时，也学会分配自己的时间，如此更能相得益彰。利用学习N字排列法的机会，建立一些生活常规，让孩子学会珍惜时间、善用时间吧！

通过以下事例，大家可以引导孩子学习用 N 字排列法善用时间，提高效率。

布莱恩："先想想看，你今天有哪些事情要做？"

阿　财："明天要交数学作业，下个星期也要交美术作业了。还有，小明约好晚上和我打电话聊天，而且晚上六点我要看动画片。"

布莱恩："好，看起来你今天有四件事情要做。刚才我说过，我们要先做'重要又紧急'的事，你知道哪件事又重要又紧急吗？"

阿　财："嗯，数学作业和美术作业都很重要，可是比较紧急的应该是明天要交的作业，所以数学作业是'重要又紧急'的事。"

布莱恩："好，我们把数学作业放在第一格里。哪一件事是'不重要但紧急'的呢？"

阿　财："电话响了一定要接，算是紧急的事。但是，小明只是找我聊天，应该就没那么重要吧？所以，跟小明通电话应该算是'不重要但紧急'的事。"

布莱恩："这时候，你应该在小明打来电话时，跟他说你必须先忙其他的事情，有空再跟他聊天，或者你们可以约在学校聊，反正明天在学校就会见面了啊。"

阿　财："你的意思是，我要先处理'不重要但紧急'的事，但不能花太多时间，对吗？"

布莱恩："没错。那你知道哪一件事是'重要但不紧急'的吗？"

阿　财："美术作业很重要，但是下星期才要交，所以算是'重要但不紧急'的事。"

布莱恩："没错！但是你有空时，就要多多处理'重要但不紧急'的事，因为如果你不处理的话，这件事很快就会'搬家'，到'重要又紧急'的事项里去了。'重要又紧急'的事越多，你就会越忙、越紧张！"

阿　财："哦，所以让自己不忙的秘诀就是，常常处理'重要但不紧急'的事！"

布莱恩："那就剩下最后一样了，你知道为什么看动画片是'不重要又不紧急'的事情吗？"

阿　财："因为看不看动画片，其实都没有关系呀！就算错过了，也有回放，或者我可以到网上去看。"

布莱恩："没错！让我们再整理一下做这四件事情的顺序吧！第一件要进行的就是'重要又紧急'的事，也就是明天的数学作业；接下来，要处理'重要但不紧急'的美术作业；然后，跟小明电话聊天是'不重要但紧急'的事；最后，看动画片'不重要又不紧急'，没时间的话，其实不看也没关系，所以它排到第四。"

阿　财："嗯，太好了，我知道该怎么做了。谢谢老师。"

用 N 字排列法，拟定到家后的 SOP！ ▶ ▶ ▶

　　父母朋友们，现在就开始协助孩子将放学后要做的事项建立先后顺序，拟定一个到家后的 SOP（标准作业程序），让孩子建立生活好习惯，学会当时间的主人！

6

从认识货币开始学习财商

让孩子认识到学习财商的重要性之后，我们就可以开始逐步带孩子认识金钱了——从认识"货币"开始。

人类在早期是没有货币的。父母可以和孩子一起讨论一下，在没有货币的情况下，人们要怎样进行交易呢？

没错，当时的交易方式是"以物易物"，也就是用"我的这个东西"来换"你的那个东西"。

带孩子认识我们所使用的货币

那么，为什么要使用货币呢？

货币是为了提高交易效率而用于交换的中介商品，它有多种形式与面貌。

自然物：贝壳、粮食等。

金属、纸张等加工品：我们所熟悉的金属硬币、纸钞。

磁条卡：现代社会所使用的银行借记卡、信用卡。

数字货币：移动支付或者相关 App（手机软件）。

在孩子 3~4 岁时，父母就可以开始给他们介绍货币了，从金属硬币、纸钞的颜色和形式，到钞票上的人物，带孩子认识生活中所使用的货币。

当孩子到了 5 岁时，父母可以与他们讨论一下货币的用途有哪些。

交易媒介：主要取代"以物易物"的方式。

价值的单位：将每样商品价值加以量化的单位。

价值储存：存钱。

货币不只可以交易、购物，还可以分割、储存，甚至可以分享给他人，在管理上非常方便，是现代社会中不可或缺的金钱使用工具。

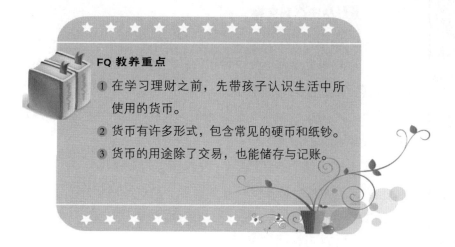

FQ 教养重点

① 在学习理财之前，先带孩子认识生活中所使用的货币。

② 货币有许多形式，包含常见的硬币和纸钞。

③ 货币的用途除了交易，也能储存与记账。

从交易演进学财商

拿钱买东西，似乎是一件很理所当然的事。但是小朋友，你有没有想过，钱是从哪里来的？人类为什么需要钱？最初的人类就是用钱在买东西吗？

其实，我们现在所用的纸钞和硬币有一个很漫长的演进过程，是几千年来人类智慧的结晶。

🍎 从生产到交换

在远古时代，还没有"钱"这种东西，当时的人类已经开始群居生活，也会耕种和饲养牲畜。在那个时代，每个家庭里的爸爸妈妈都不需要去市场买蔬菜、水果，也不用去百货公司买衣服。你一定很好奇，他们吃的、用的东西从哪里来呢？

当时的每个家庭都要生产自己所需要的食物、衣服和工具。有的家庭种植出比较多的蔬菜，有的家庭生产出比较多的工具，住在海边的家庭会有很多海产品。所以，人们开始拿自己拥有的比较多的东西去交换自己缺少的东西。这个交易的行为就叫作"以物易物"，也是人类最早"买"东西的方式。

例如，村庄里的王大牛发现隔壁陈老爹做的木头椅子很不错，于是就带着自己种的一篮子青菜去找陈老爹，用一篮子青菜和陈老爹换了一把木头椅子。这种"以物易物"的行为让每个家庭都可以用自己生产有余的东西换到自己需要的东西，这就是人类早期的交易方式。

🍎 "以物易物"的缺点

但是，"以物易物"也常常会让人们起纷争。比如，住在海边的李爷爷听说陈老爹的椅子做得牢靠又坚固，于是他带着几条新鲜的鱼也想来"换"一把木头椅子。李爷爷走了半天才到了村庄，没想到天气太热，出门时明明很新鲜的鱼竟然发臭了。陈老爹不想要不新鲜的鱼，就不愿意和李爷爷交换；李爷爷想到自己走了那么久，扛了那么重的鱼，辛苦都白费了，忍不住对陈老爹破口大骂。陈老爹觉得很无辜，于是两个人吵起架来，再也不来往了。

陈老爹决定去找好朋友王大牛诉苦，顺便看看有什么可以交换的，所以带了些木头工具来到王大牛家门口。这时，王大牛正牵着羊要去市场交换东西，陈老爹觉得羊很不错，打算用木头工具交换。但王大牛摇摇头说："我的羊很有价值，羊肉可以吃，可以生小羊，还可以产羊奶，不换！"陈老爹想到办法："那你把羊腿割下来，我的木头工具换羊的一条腿刚刚好。"王大牛听了就急起来："我把羊腿切下来，我的羊还能活命吗？不换！不换！"陈老爹觉得王大牛不知变通，王大牛却觉得陈老爹不讲道理，于是两人吵了起来。本来要找王大牛诉苦的陈老爹，反而又和好朋友吵架了。

🍎 交易媒介的出现——天然货币

你发现了吗？"以物易物"虽然很方便，让人们可以用自己多余的或自己擅长制造的东西换到自己没有的东西，但因为没有一个"交换的准则"，人们常常会因商品的"大小"和"新鲜度"而发生争执！于是，聪明的人类想到了办法，开始用某些物品来作为交易的媒介，比如贝壳、茶叶、皮草、矿石或珍贵的金属等，这些东西不但方便携带，而且也不会像王大牛的羊一样无法切割，更不会像李爷爷的鱼一样容易发臭，甚至还可以储存起来呢。

贝壳是最为广泛使用的一种交易媒介。亚洲、非洲、美洲和大洋洲都有使用"贝币"的历史。有的地区使用形状完整的贝壳，有的地区会把贝壳进行特定的加工。"贝币"不但有珍贵、美丽的光泽和花纹，还坚固耐用、不易破损，可进行小单位的计算，并且方便携带。

　　我们现在已经不再使用"贝币"了。每次我请小朋友思考为什么人类不再使用好处多多的"贝币"了，常常有小朋友很担忧地说："大家都把贝壳拿来当钱用，那寄居蟹就没有家了。"为寄居蟹担心的童言童语，总是让我觉得小朋友很可爱，也点出了使用贝壳的主要问题——数量。

🍎 难以伪造的金属货币——硬币

　　能做成"贝币"的贝壳，在数量上是没有那么充足的。因此，很多国家的人都找到了更棒的材质来制作大小、重量统一的交易媒介——金属。

　　用于制造货币的金属有金、银、铜、铁……金属货币需要制造、加工，不像贝壳可以从自然界直接取得。这样一来，政府机构就可以更精细地做出大小、重量、颜色相同的货币，甚至可以刻上独特花纹或者统治者的头像，让货币难以被一般人伪造。大家现在所使用的硬币就是这样演化而来的。

🍎 方便安全的选择——交子／纸钞

　　那么，纸钞又是怎么出现的呢？

金属货币虽然方便，但是当人们四处去做生意时，就有些问题了。金属货币很沉重，数量一多，还得用马车才能携带，而且容易被人抢劫。那有没有更安全轻省的方法呢？

1000多年前，最早发明造纸术的中国人想到了解决的办法。北宋时，四川有信用的商人会开出一种票据——"交子"，可以先在故乡把钱存进发行交子的商铺，并得到一张单据，证明存了多少钱。接下来，他就可以轻松又安全地带着这张单据，到不同城市做生意。到了当地，他可以凭借交子把实物金钱领出来。薄薄的一张交子就相当于钱了，是不是很像现在的纸钞呢？

🍎 现代社会的货币样式——信用卡与电子支付

硬币和纸钞就这样被使用了很长一段时间，每个国家都会发行属于自己的硬币和纸钞。随着人类社会的交易行为越来越复杂，需求也越来越多，货币又出现了新的样式。

现在，我们买东西已经不再非要用纸钞或硬币了，可以直接拿出一张卡片给店员付款，或者将卡片的信息存在手机里，付款时只需用手机感应一下即可——这样的卡片叫作信用卡。也就是说，结账时，你付出的不是钱，而是你的"信用"。

你一定会觉得很惊讶，"信用"可以用来买东西？怎么买呢？

先来想一想什么是信用。信用是一种诚实美德，如果你是一个很有"信用"的人，别人就很容易信任你。作为孩子，假如你经常能做到和爸爸妈妈约定的事情，能够得到他们的信任，他们就会开放比较大的权利给你，比如，你可以在游乐场里玩久一点儿，和同学单独去吃午餐，或者先玩两小时再写作业。

要想维持你的好信用，你就必须遵守回家的时间、不做危险的事、准时完成作业。当信用一直维持在良好状态时，你就能一直享受这样的权利，甚至爸爸妈妈还会开放更多的事情让你独自完成，因为好的信用表现是能让人放心的。

相反，如果你不遵守承诺，到了约定该回家的时间却耍赖皮不走，和同学去玩也不准时回家，玩了很久却不写作业……为了达到目的而草率定下承诺，却做不到自己说好的事，这就是"没有信用"的表现。我相信只要你有一两次不守信用的行为，爸爸妈妈很快就会取消为你开放的权利了。

🍎 优惠、分期付款与延期支付

在大人的世界里也是如此，每一个人的"信用"都很重要。我在商店里看到自己喜欢的东西时，明明身上没有带钱，却可以先用信用卡支付——我的"信用"让银行先帮我付了这笔钱，甚至可以"分期付款"，把这笔钱用好几个月的时间来还。

但是，到了该付钱的时候，我就得在期限内把这些钱还给银行。银行喜欢信用好、准时还钱的人，会逐渐给这样的人更多的权利，让其可以借贷更多的钱。

小朋友，你知道为什么很多大人喜欢使用信用卡了吗？因为它让人们交易起来更方便，人们不用带大量的现金就可以出门购物，就算钱不够也可以延期支付。此外，银行还常常推出很多信用卡优惠，甚至可以积累积分兑换商品。

🍎 信用，关乎一生的理财品格

但是，在大人的世界里，不守信用的结果就不只像被禁足这么简单了。如果时间到了你不还钱，除了原本该还的钱，你还必须要缴纳更多的利息。很多大人因此积累了好几百万元的负债，给大好前途蒙上阴影。当然，银行也会收回这种人使用信用卡的权利。不守信用的人也会因此留下不良信用记录，当他以后想要买房子、车子或做生意时，就很难从银行借到钱了。

除了信用卡之外，还有很多种付款方式，比如，储值卡、预付卡、转账卡都是让我们交易方便的工具，善用它们，会给我们带来很大的便利——但也别忘了好好管理自己的财物，量力而行。

从远古时期"以物易物"的原始交易，到现在如此轻松方便的消费行为，这可是人类智慧几千年来的演进呢！

7

从五个核心和三把金钥匙，
理出孩子的未来

我小时候很喜欢存钱，无论是零用钱还是红包，我都会放到储蓄罐里去。随着时间的变化，看着它一天天地增多变满，心里总是有无比的成就感。每当金额到了一定的程度，妈妈就会帮我把钱存进银行，让我在心理上觉得自己很富有，所以我觉得自己真的超级会存钱。

◎ 真正的理财是什么

但是，一个人会存钱，就会理财吗？

不。我记得当自己可以决定如何使用金钱时，我只用了 20 分钟，就把过去 20 年的积蓄清空——因为我买了当时最昂贵的手机。事后来看，会存钱跟会理财是不太一样的。

父母给孩子一个储蓄罐，在鼓励他们存钱的同时，还应该给他们一个"金钱规则"。这个规则是有方法和步骤的。若孩子仅仅把钱存进储蓄罐里，那可称不上是"理财"。真正的理财在于"分配金钱"，也就是让钱发挥多种用途。

◎ 五个核心，建立孩子的金钱规则

全世界的儿童财商教学都以五个核心为主：两个 S，即储蓄（save）、消费（spend）；两个 I，即收入（income）、投资（invest）；一个 D，即捐赠（donate）。

第一个核心：储蓄

这是孩子学习财商教育的第一步。储蓄就是把钱存起来。存钱最好跟孩子的兴趣结合起来，让孩子有动力进行储蓄。父母可以帮孩子设置一个储蓄目标，这个目标可能是一本他最喜爱的书，或者一趟孩子期待已久的旅行。养成孩子储蓄的好习惯，同时也养成孩子完成目标的信心。

"信心"是一种信念，也是一种态度。我常说，养成一个好习惯，就能避免养成一个坏习惯。例如，每日养成准时起床的好习惯，就能避免因为赖床而错过时间的情况出现。拥有好习惯还是拥有坏习惯，差异就体现在这细微之处，人生的道路也会因此不同。

每次拿到零用钱，孩子是不是可以主动把钱存进储蓄罐里呢？建立优先储蓄的习惯，就是孩子理财的第一步。

第二个核心：消费

孩子看到父母用钱购买东西，就知道"钱"可以在交易中使用。这时，父母可以教他们从数量上建立金钱的概念，比如让孩子去付款，让他们知道物价的高低；让孩子去缴纳水费，从而让他们明白一个家庭一个月的水费是多少钱；让孩子协助结账晚餐的费用，从而让他们慢慢知晓一个家庭的餐费大概需要多少钱。

父母可以在家做个小游戏，从家里挑出 10 件不同类型的物品，小到生活用品，大到家用电器或者大型家具都可以。父母一开始不要告诉孩子这些物品的价格，让孩子去猜，猜中的话可以给孩子一些奖励。借助这个小游戏，父母一来可以让孩子知道这些用品都不是免费的，二来也可以让孩子对物价有一定的概念。

在这五个核心中，我认为消费是最不容易且练习耗时最长的。其概念还包含了辨别"需要"和"想要"、如何抗拒广告诱惑，甚至教导孩子如何做预算……这些都要在生活中练习。所以，培养孩子正确的消费理念越早开始越好。

第三个核心：收入

我们都知道"天下没有免费的午餐"这个道理，若不想让孩子变成啃老族，首先要做的就是让他们认识父母的工作，也就是让孩子明白你是怎么获得收入的。许多孩子搞不清楚金钱的运作方式，于是就会觉得爸爸妈妈的手机或信用卡是万能的——可以购买任何东西，从而导致孩子在价值观或行为上有所偏差。

当父母让孩子建立了"完成工作才有收入"的观念后，父母必须让孩子反思：作为小孩，自己在家里需要完成的"工作"是什么呢？

在家中，孩子的"收入"来源大致上可分为"定时定额"及"不定期增额"两部分，结合要讲到的"用点点贴纸，学定期定额储蓄"，后续会详细说明。

第四个核心：投资

"一分耕耘，一份收获"，讲的是有工作才会有收入。若想"一分耕耘，多份收获"，那就要下功夫提高理财能力。

传统教育教我们"要怎么收获，先那么栽"，要付出努力才会有成果，这是很重要的美德。但没有人教我们有了收入后该如何处理这份收入。

一分耕耘当然也可以有多份收获，但这必须依靠投资理财的能力。因为人会老，体力也有限，我们并不会一直有时间和机会去耕耘。所以，我常常强调一个重要的理念，那就是收入多寡并不会决定你的人生财富多寡，处理收入的能力才是决定因素。

但亲爱的父母朋友们，我必须要先说明，并不是一开始就要教孩子学习投资，而是要在孩子建立了完整的基本理财顺序后再教他们学习投资。本书在第 6 章也会提到投资，比如，父母应该何时开始教给孩子投资的理念，什么是良好的资产，以及什么样的东西对孩子来说是负债。第 6 章会有详细的说明。

第五个核心：捐赠

培养孩子拥有同理心及愿意分享的态度是很重要的。我们有时候太容易满足孩子，让孩子难以理解世界上有许多人需要帮助。在这里，捐赠的概念不是要孩子捐钱，毕竟这时候的孩子没有太多金钱，但有些无形的能力是孩子可以付出的。

若孩子愿意用一天的时间去海边净滩，对他们而言，就是"捐"了一天的"时间"和"劳动"，这也是一种保护环境及回馈社会的教育。

切记，捐赠是要建立孩子的同理心，让孩子拥有付出的心态，以及学会不滥用爱心，这也是一种对金钱负责任的态度。

◎ 三把金钥匙，开启财务自由的大门

过去在从事金融服务时，我发现每个客户都希望自己能获得财务自由，而且越早越好——但是真正能做到的其实不多。究其原因，许多人不知道自己所处的"水域"在哪里。

我常形容理财犹如过河，这条河可不是普通的小溪流，它是如同亚马孙河般的巨河，河的彼岸象征财务自由，所有的玩家都需要过河，并需要选择过河的交通工具。在这里，单靠游泳肯定行不通，你一定要选择交通工具，而且交通工具越大、越稳健越好——若只是个小竹筏，不仅禁不起任何风吹浪打，翻船的概率也相对较高。

确认所有的相关信息是非常重要的，比如河的宽度、河床高低、目前水位及气候，要确保安全过河，还必须确认河里没有危险——没有躲在暗处的凶恶鳄鱼、突如其来咬你一口的食人鱼。确认了这些，你才有机会抵达彼岸，完成财务自由的目标。

交通工具：指你建立的事业、价值观系统或理财工具。

游泳：指报酬过低且无法对抗通货膨胀的理财方式。

小竹筏：指杠杆较高的理财方式，比如期权、期货或通过小道消息进行投资理财。

风吹浪打：指市场较大的波动，类似金融海啸、互联网泡沫，甚至像SARS（重症急性呼吸综合征）、新型冠状病毒肺炎等大型传染疫情，都是足以影响市场的事件。

鳄鱼、食人鱼：指会造成财物损失的自身突发事件，比如失业、意外等。

渡河看似困难且危机重重，不过值得庆幸的是，你不是第一个要渡河的人，对岸已经站满了古今中外的成功人士，而那些成功上岸的经验都可以传承给你，所以别太担心。依过去的工作经验，我发现这些已经上岸的人都有一些相似之处，他们大多掌握了以下三把金钥匙，即三个关键原则。

第一把金钥匙：选择健康的"财务工具"

这些在财务上成功的人都有一个特点，投资工具单一且持续投入，比如，持有股票、房地产、基金等后就不会轻易卖出，以追求长期且稳定的报酬。除了选择投资工具外，也有一部分成功者是老板，这些老板不一定拥有多大的企业或很多的员工，但他们关注且持续投入事业。当企业获利时，他们会优先将盈利再投入公司，他们相信把企业做大也是创造现金流的一个绝佳方式。

选择健康的财务工具，可能是个投资方式，也可能是一份事业。这里的"健康"指的是适合自己的方式，不是每个人都适合创业，也不是每个人都喜欢炒股。重要的是，一旦选择了适合自己的工具，持续投入及专注才是重点。

虽然孩子很小的时候谈不上选择财务工具（我建议小学三年级以后再跟孩子讨论投资工具，此时孩子心智比较成熟），但父母平时可通过新闻事件跟孩子分享世界经济的脉动，将理财生活化。

第二把金钥匙：做好每个"小的财务目标"

财务自由这件事本身不是目标，而是完成每个小目标所经历的一个过程。

选择财务目标也是一个决策练习。站在对岸的财务成功人士面对每个目标时都具备耐性，他们愿意为了认识一个未知领域而再三请教。跟他们交往时，你不会觉得这些人充满骄傲，反而会看到他们深深的谦逊态度。他们想的是，虽然自己今天只有 10 万元，但有一天这 10 万元会变成 100 万元甚至 1 亿元，到那时又该如何正确做决策？学习不会因自己存款金额的增加而减少，所以宁可在开始投资时就先把功课准备好，像老鹰一样专注于目前每个小目标，这与"运筹帷幄之间，决胜千里之外"的道理是相通的。

FQ 小教室｜从游园会活动，观察 5~10 岁孩子的财务理念 ▶▶▶

游园会不只提供食物，也有许多活动，我们可以通过带孩子参与活动来做个实验。

进入会场前，给孩子 200 元，让他们购买自己的午餐。这其中的任何选择都由孩子自行决定，父母不提供意见。我们可以观察结果，了解孩子在用钱时是否有周全的考虑，是否兼顾了各个方面的需求，有没有吃到、喝到、玩到。

若孩子选择买玩具却忘了买吃的，我们就要反思平时是不是没有帮助孩子厘清"需要"和"想要"；若孩子买完吃的后才发现没有多余的钱玩游戏，这就表示我们需要帮助孩子建立分配预算的概念。

　　我们并非一开始就要设定很大的"财务目标"，一张游乐园的门票也可以是孩子的财务目标。通过达成目标的过程，孩子可以逐渐建立起对金钱的信心：通过金钱可以达成自己的目标。一个人如果重视及专注于每一个小目标，拥有完成目标的能力，自然就有实现梦想的机会。

　　第三把金钥匙：重视"财务安全"

　　无论是个人还是企业主，都知道"风险"是不可预测的，不只有人身风险，也有企业经营的风险。不过，我观察到他们皆有个共同点："在乎自己是否有足够的现金流来支撑企业渡过风险。"

　　对个人来说，无论在任何情况下，都不要让自己的家庭因为缺钱而导致生活无以为继或陷入财务危机；而企业主会特别重视企业的资产及兑现能力，让企业处于正向现金流的安全范围之中。

　　在儿童财商中谈得最多的就是，设定孩子的"财务安全"理念，也就是建立价值观系统，其中包括区分"需要"和"想要"，还有"控制预算"的能力——请重视这些能力的养成，给孩子练习做决策的机会。

　　这三把金钥匙能帮助父母顺利到达财务自由的彼岸，我们也希望以此为孩子开启梦想的大门。

FQ 教养重点

① 会存钱，不代表会理财。

② 要建立金钱原则，必须从认识储蓄、消费、收入、投资与捐赠开始。

③ 想要开启财务自由的大门，必须获得三把金钥匙：选择健康的"财务工具"、做好每个"小的财务目标"、重视"财务安全"。

第 2 章

财商教养的第一步

——储蓄，从建立财务目标开始

★ 亲子一起设定财务目标
★ 建立零用钱制度
★ 用点点贴纸，学定期定额储蓄

我们教孩子储蓄的目的是，帮孩子建立储蓄的习惯和兴趣，让他们知道自己是可以完成目标的，而不是简单地给孩子一个储蓄罐。对孩子来说，那个写在存折上的数字，并没有帮他们练习如何运用金钱，更没有增加他们的财商。别忘记，你就是孩子的理财教练，应该陪伴他们做出选择并完成目标。

父母和孩子都需要建立财务目标

存养老金和教育基金、还清负债、买房子、更换车子……都是财务目标（金钱／储蓄目标），每个人在每个阶段都有不同的财务目标。

◎ 目标对孩子的重要性

拥有目标的好处是，让人能集中精神向前迈进。若想实现有抱负的人生，我们一定不能缺少设定个人目标的能力。然而，没有人天生就什么都会，教导孩子设定目标其实是父母的一大责任——要让孩子了解为什么需要设定目标。这个目标越明确越好，而且是孩子有能力达成的目标，当然还要设定达成目标的时间节点。

让孩子学习建立财务目标，不是让孩子一开始就设定长大后的志愿，而是让他们从完成短期且金额小的储蓄目标开始练习。我们的目的是，训练孩子养成完成目标的习惯。

❂ 每一个阶段都应该拥有财务目标

财务目标指的是什么？听起来是一个需要花时间了解的财务知识。

千万别把它当作艰深的名词！制定预算是为了平衡收支，更是为了实现财务目标。因此，财务目标是预算的核心。财务目标可理解为需要经济资源（如资金、资产）并配合理财技巧（如储蓄、投资）完成的各种事情，比如，购买消费品、旅游经费、升学学费，以及结婚、置产、退休保障，等等。

我认为，孩子养成储蓄的习惯，是学习儿童理财的第一要务。除了可以培养孩子存钱的兴趣，储蓄还能帮助孩子建立完成目标的信心，这可不是在学校能学到的哦！

举个例子，读小学三年级时，我非常想买一个卡通机器人，还记得它的颜色是蓝白相间。这个机器人是所有卡通机器人角色中攻击力最强的，就放在附近杂货店的橱窗中，价钱是 150 元。我每天经过杂货店时，都想马上拥有它。所以，我省吃俭用，尽可能地把买零食的钱都省下来。随着存款越来越多，每次经过橱窗，那期待的心情就越来越高昂。经过了整整一个学期之久，我的存款终于达到 150 元，可以把它从杂货店带回家了。当时那种爱不释手、好不容易才拥有的感觉让我现在还记忆犹新，甚至我还清楚记得机器人当时摆放在房间里的位置。

这样巨大的快乐，其实就是孩子愿意等待而最终拥有的结果。

试想，当年如果我开口向父母索求，他们也立刻买给了我，我日后就不会如此珍惜它，自然也就失去了当初拥有它的巨大快乐。所以，父母在孩子每次开口提要求时，不要马上答应，给孩子练习等待的机会也是非常重要的。

当年购买这个蓝白相间的机器人就是我的财务目标，我可以为了这个目标学会忍耐、抗拒买零食的诱惑。更重要的是，我通过储蓄获得了"我可以完成目标"的信心，这真是个非常有价值的体验。

◎ 小学生的储蓄目标

对于小学生来说，谈财务目标实在言之过早，我们可以暂时称之为"储蓄目标"。

给小学生设定储蓄目标要记得按年龄分段，从一个储蓄计划开始练习。

• 确认好目标的金额。

• 拟定所需要的储蓄时间。

5~9 岁

可以试着开始练习通过储蓄完成一个目标，建议这个目标的完成时间超过一个月。也就是训练孩子必须经过一个月的储蓄积累才能获得自己想要的东西。主要目的在于让孩子学会延迟享乐，以及拥有完成目标的信心，就像当初我渴望买到卡通机器人一样。

储蓄是一种习惯 ▶ ▶ ▶

孩子养成了储蓄习惯，就不容易迷失。在真实的金钱世界里，每个人都需要有自己的财务目标。通过储蓄完成目标所带来的快乐和满足感，绝对是人生中值得珍藏的开心记忆。

10~12 岁

要有同时完成两个储蓄目标的能力，也就是同时执行两个储蓄计划——其中一个为期一个月，属于短期目标；另一个为期半年以上，是长期目标。

短期目标可以是购买一场展览的门票或者购买一个心仪已久的玩具，长期目标可以是买一辆自行车或者一张机票——两个目标要分开完成，千万不要混在一起，这是为了训练孩子拿到金钱后的规划、分配和执行能力。

当然，若孩子在这个年龄段刚开始学习建立财务目标，建议父母先让孩子从一个短期目标开始练习，等他们驾轻就熟后，再增加另一个长期储蓄目标。

◎ 青少年的金钱目标

孩子在初高中时期，虽然大多时间都在进行升学准备，不过处理金钱的机会也增加了许多。这时孩子应该完整执行本书第 2 章到第 5 章中所说的条款，最少管理好三个账户——也就是能聪明地分配金钱，即每次拿到收入后将其中的 50% 用于储蓄、40% 用于消费、10% 用于捐赠。

孩子在青少年时期，管理金钱的额度比小学时要多很多，很多父母给的零用钱是以月为单位的。比如，有的父母给孩子一个月的零用钱是几千元，其中包含学校午餐费、购买生活用品的费用等——这可是对孩子理财能力的一个小小考验。

我认为，孩子这时的理财模式是其未来理财模式的雏形，希望父母重视孩子在这个时期的理财能力——孩子在这个时期可不只是练习，"成本"已经慢慢提高了！若有些孩子因为没有好好控制物欲，在这时产生借贷，从而变成"小小月光族"，这可不是好事情。

◎ 大学生的财务目标

如果我有机会给大学生一点财务上的建议，那么我会从"建立资产"的角度入手。

我在大学时期的生活费几乎全部自理，生活支出差不多就等于打工的收入。不过，当时我做的一件事影响了自己的未来。我发现，人生是否有所不同，跟"理财能力"息息相关。那时我常常听到"你不理财，财不理你"这句话，所以大三那年，我每天都到图书馆看报纸，整个图书馆只有我在看报纸，天晓得那对当时的我来说有多困难！但是，我知道学习一个新的事物需要耐心。只要遇到不懂的名词，我就上网查。渐渐地，我开始看得懂其中的一些道理了，阅读速度也越来越快。后来，我发现自己已经能够理解金融运作机制及大部分的理财产品了。当时学习的金融知识及培养的理财能力，直接帮助我顺利就业，甚至对我现在的写作也助力颇多。

所以，我建议大学生不只要建立金钱方面的财务目标，还应该建立属于自己的资产，比如人脉，要结交志同道合的朋友，未来你们可能会一起创业；还要积累自己的软实力，就像我当时看财经类的报纸一样，以增加自己的核心竞争力。

◎ 父母的财务目标

父母朋友们是否会因突如其来的额外支出备受困扰？罚单、车子的保养、一件新衣服、一顿丰盛的晚餐……是不是每次的信用卡账单都让你后悔没有多存点钱？

在我所教授的课程中，很多父母都说自己不会理财，以至于不知道如何进行家庭财商教育。我建议父母朋友们这样开始：设定不同功能的账户，执行预算分配。

若储蓄没有目的，我们很快就会失去执行力。成人理财的第一步就是做好"分离账户"，简单来说，就是让不同账户发挥不同功能。理财最怕的是把所有的钱都放在一起，分不清楚功用为何。有人把买菜钱当作投资基金，或者把退休基金用作孩子的教育基金，这些基本上就是缺乏"分离账户"概念的行为。

你的财商年龄有几岁，是否冻龄在孩童时期 ▶ ▶ ▶

别忘记，成人学习财商知识跟孩子一样，也需要练习，不管你在财务上的认知有多少，多练习就能少犯错。多培养一个好习惯，就少一个坏习惯，如此财商才能日渐提升。从今天起，就准备多个账户，让你的财商年龄超过你的真实年龄！

孩子的世界较为简单，用不上太多的消费和金融工具，但是让孩子学会延迟享乐、控制欲望非常重要。让孩子从生活记账开始，学会每次拿到零用钱时都能先存后花，以降低未来犯错的可能。

一般来说，"分离账户"可分为五个账户：

• 生活必需账户

平时的生活支出。

• 紧急预备金账户

通常是三个月的家庭支出费用，六个月的更为妥善。

• 短期储蓄

购买自住房或车子的首付款。

• 投资账户

不可以随意支取的账户，主要用于退休规划，以领息不领本的形式储存，可视其为资产。

• 享乐账户

用于一顿大餐或者一段亲子旅行。

将收入分配在各个不同的账户里，刚开始生活必需账户里的资金可能会多一些，储蓄和投资账户里的资金会少得可怜。但没关系，因为一开始能存下多少钱并不重要，重要的是，强迫自己养成"专款专用"的习惯。若你每月定时都有钱进入自己的各个账户，你就会发现，原来"我可以存下创造未来的第一桶金"！再说，哪个储蓄不是从日积月累开始的呢？现在，就让我们跟孩子一起成长吧！

社会新人的财务目标

过去在从事金融服务时，我看到许多刚步入社会的年轻人不懂得储蓄。可能是因为第一次可以支配自己的钱，缺乏管理概念，很多年轻人购入了自己无法负担的奢侈品，然后花上大把时间筹钱去还贷款。这实在很可惜。

这里的财务目标是指储蓄第一桶金。年轻人有时间、没有钱，第一桶金非常重要，它可以帮你滚出下一桶金。

在步入社会前若没有打好理财观念的基础，社会新人一般无法抗拒许多物质欲望，朋友一邀约就去旅游，或者买一部最新款的手机，让好不容易赚得的薪水转换成实时的享乐。虽然不愿老生常谈，但是我真心希望这些社会新人能够投资自己、购入优良资产，让自己以后的人生更加轻松。

FQ 教养重点

① 人生的每个阶段都有不同的财务目标。

② 5~9 岁的孩子可以开始练习完成一个储蓄目标，10~12 岁的孩子可以同步进行两个储蓄计划。

③ 成人学习财商知识跟孩子一样，也需要练习，从今天起，准备多个账户，让你的财商年龄超过你的真实年龄！

设立目标的三个诀窍

小朋友在开始存钱之前，要为自己找到一个明确的目标，这样才比较容易成功。但是，设立目标也是有诀窍的，其中有三个重点。

🍎 把目标"画下来"

大多数人都是健忘的。当有一个目标时，如果你只是在头脑中想着它，它就很容易变成一个"白日梦"。但如果你把它画下来，常常看着它，这个目标就会进入你的潜意识里。当你遇到诱惑时，比如突然想吃糖果，你的潜意识就会提醒你不要乱花钱，要延迟享乐。《思考致富》（*Think and Grow Rich*）一书的作者拿破仑·希尔（Napoleon Hill）说过："人的心智能够达到的事物，必定是心智能够接收并相信的事物。"所以，不要忘记你的目标，把它画下来。

🍎 把目标"说出来"

拿着画下来的目标，向家人说出来。话语是有力量的，当你把它说出来时，它就是一种宣告，告诉大家你是认真的，不是想想而已，而家人也会在后面适时提醒你。目标被讲述的次数越多，就越容易实现。

🍎 把目标"贴起来"

想想家里哪个地方是全家人每天都能看到的，冰箱、玄关或大门？把你的目标贴到这个人人都能看到的地方。爸爸妈妈也可以一起画下目标，在家里广而告之，这样全家人就可以互相鼓励并提醒对方完成目标！

今天，你就找出自己的储蓄目标！别忘了，实现目标有三个秘诀：画下来、说出来、贴起来。希望你不只是一个做梦的人，还是一个能够实现梦想的人！

该给孩子零用钱吗

很多父母会觉得，孩子什么都不缺，为什么还要给他们钱？其实，我们不只是要给孩子钱，还要帮孩子建立"用钱的规则"。

◎ 东西方的金钱教育大不同

你可能听过，沃伦·巴菲特从 6 岁开始兜售口香糖，从小就对各种赚钱的方法感兴趣；伟大的发明家爱迪生儿时曾在火车上兜售小报，借此赚取生活费——这些名人从小就独具眼光，展露商业才华。我们也常听说，国外的小孩会制作柠檬水在家门前或游园会上贩卖，或者在集市摆摊提供二手物品，以赚取零用钱，或者为赚取报酬出卖自己的劳动力，帮邻居除草皮、遛狗。

有一次我在夏威夷旅游，民宿主人家有个年纪大约 6 岁的孩子让我印象深刻，他在自家门口兜售牛油果，每个一美元。进入他家我才发现，原来是旁边农地里的牛油果树长进了自家院子里，小弟弟摘了免费的牛油果后，居然想到要去摆摊贩卖，还写了个招牌："来啊！一个牛油果一美元，买三个送一个！"这个场景让我印象深刻。孩子做起了无本生意，还有自己的定价策略，更令人惊讶的是，他有勇气在街上销售。

这些例子让我们了解到，在环境及文化上，西方国家的金钱教育跟我们的不太一样。西方国家的父母会主动提供很多机会让孩子学习"付出劳动才有收入"的观念。若是"牛油果小弟"的状况发生在我们的生活周围，我们一定会想："天啊，这孩子太可怜了吧！他不仅没去上学读书，父母居然还让他在路边卖东西！马路这么不安全，而且卖几个牛油果能赚多少钱啊？！"

看看，这差异不小吧！我们的孩子哪有机会去替人家送报、卖柠檬水！他们平时住在公寓大楼里，更没有帮助邻居除草皮的机会。人文风情的不同，导致难以在生活中复制同样的观念。

◎ 该给孩子零用钱吗

该给孩子零用钱吗？这是每个父母都会思考的问题。我在前文中提到"把金钱当作教具"，因为学习财商知识越早越好，儿童财商教育的好处是成本较低。如果父母认同这个理念，其实从孩子 5 岁起，父母就可以让他们"练习"使用零用钱了。

确实，大多数孩子不会出去工作。对孩子来说，大部分收入来自父母的给予。那么，父母该怎么给？是在孩子随口要求时给吗？当然不是！这样的做法会让孩子无法学习规划，无法让他们为未来开支进行储蓄，也无法让他们养成记账的习惯。

所以，在给孩子钱时，父母要给孩子建立用钱的规则与制度。这里提供给父母朋友们的储蓄制度，就是"定时定额"结合"不定时增额"。

孩子拿了零用钱就乱买东西，怎么办？

学龄阶段的孩子抗拒诱惑的能力确实不够，特别在这个在线游戏、各种广告无孔不入的年代，加上受身边孩子的影响，在跟风的情况下，孩子都会产生一些在父母看来不必要的消费。我们班上有个孩子想像同学一样养一只名为美西白兜（Dynastes granti）的昆虫，一只这种昆虫的市价是 1000~1700 元，重点是每周都要回昆虫店为它换土。这对父母来说是一种困扰。所以，父母就和孩子坐下来耐心沟通，问孩子："为什么要买它？买了之后会有什么感受和改变？"厘清孩子的自身需求，是一个很好的做法。

长辈给孩子钱没有原则，怎么办？

如果你认为塑造孩子的财商是十分必要的，你就应该花点时间跟家中的长辈沟通，说明你的原则，也请他们遵守你和孩子的约定。重点是，不要让孩子有不劳而获的感觉，让长辈明白适时的鼓励虽然是必要的，但让孩子误认为时时都能得到奖励，就违背了长辈的美意，也破坏了你好不容易才为他们建立起的规则与制度。

FQ 教养重点

① 让孩子学习"付出劳动才有收入"的观念。

② 从孩子 5 岁起，父母就可以让他们开始"练习"使用零用钱了。

③ 可以给孩子零用钱，但也要为他们建立用钱的规则与制度。

建立零用钱制度

给孩子零用钱有许多方式，但制定游戏规则对父母与孩子双方来说都比较好。买过基金的人一定知道，一般的基金购买方式大致分为"定时定额"与"不定时增额"两种，这也适用于给孩子零用钱的方式。

◎ 固定时间给孩子固定金额的零用钱

投资基金中"定时定额"，是指每个月在固定时间从账户中固定扣除一定的金额。对刚开始学理财的父母来说，我个人非常推荐这种方式。因为定时定额的方式不用盯着看盘，只要每个月投入固定的金额就可以，长期来说购买成本较为平均。这里说的长期可不是 3~6 个月，而是 36 个月以上的持续投入，可以说这是一种无痛理财法。当然，基金投资有赚有赔，但是购买基金在本质上不是短线进出，一定要有长期持有的概念。

将"定时定额"的概念用于给孩子零用钱，就是在固定的时间给孩子固定的金钱。但是，零用钱的给予必须遵守游戏规则。也就是说，孩子是有任务的。游戏的前提是，父母必须把这个制度当作闯关游戏，小朋友只有完成一天或一周的任务才能得到奖励。接下来的"FQ 实践单元"，就是一个好玩的游戏，也是一种零用钱制度。

请保持正向且开放的心态，不要过度紧扣管教、家规，如果游戏失去了乐趣，反而会让孩子对金钱产生消极的心态。

通过本小节后"FQ 实践单元"的步骤及注意事项，来建立你和孩子的"点点贴纸"之约吧。

◎ 突如其来的奖励，不定时增额的零用钱

"不定时增额"是一种单笔投入的方式，通常是投资者将一整笔预算直接投资在某个金融商品中，或者在市场出现震荡时大量买入。我将在下一小节中说明如何按这种方式给孩子零用钱。

有一次，我把抹布发给 5 岁和 4 岁的两个儿子，要求他们与我去洗车。洗车对这个年纪的孩子来说其实是个大挑战，他们要提重重的水桶，还要使劲把抹布拧干。身为爸爸，我只是抱着"小男生总是有用不完的体力，找点事给孩子做，做不好也没关系"的心态。没想到，他们乐在其中，把车内一些细节都擦拭得很

干净，让我相当意外。

重点是态度。两兄弟一直问："爸爸，还有什么地方可以擦吗？"那滴着汗的认真模样实在可爱极了。一小时后，孩子们真的把车子擦得很干净，虽不能媲美汽车美容，但看上去也十分清爽，这个结果已大大超出我的预期。

当天晚上，我打心眼儿里想给孩子们一个鼓励。

我请他们把自己的绿色小猪储蓄罐带来，摸摸他们的头说："谢谢你们下午的努力，帮我把车子清洁得很干净，爸爸在开车时心情也很愉悦。我要感谢你们的付出，决定给你们 20 元，投入你们的小猪储蓄罐。"孩子开心地说："哇，好棒哦！谢谢爸爸。"我们互相拥抱后，他们也快乐地接受了这个意外惊喜。

我们都很满意自己在这一天里的付出和收获。

FQ 教养重点

① 给予孩子零用钱的时机："定时定额"与"不定时增额"。

② 请保持正向且开放的心态，如果游戏失去了乐趣，反而会让孩子对金钱产生消极的心态。

用点点贴纸，学定期定额储蓄

点点贴纸是非常适合用来和孩子进行约定的游戏，父母可以从中培养孩子养成储蓄与完成目标的习惯！

◉ 单元目的

培养孩子养成生活习惯，建立零用钱制度。

◉ 用具准备

纸、笔、点点贴纸、透明储蓄罐。

◉ 活动内容

1. 设计表格。请按照日期、事项制作出适合的表格。

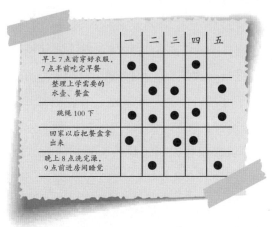

	一	二	三	四	五
早上7点前穿好衣服，7点半前吃完早餐	●			●	
整理上学需要的水壶、餐盒		●	●		●
跳绳100下	●		●		●
回家以后把餐盒拿出来	●		●	●	
晚上8点洗完澡，9点前进房间睡觉		●			●

2. 和孩子一起讨论责任及义务，范围可以涵盖孩子的习惯养成、公共领域的工作指派等。切记，一开始，事项不要太多，对于学龄前孩子，父母可以挑 5~7 件需要孩子完成的事项。比如，手不要放在嘴巴里、起床后自己叠被子、温和而坚定地表达需求等。

3. 请记得这是个合约，履行的义务、规则都必须事先约定好。

4. 心平气和地说明，不要使用威胁的口吻。请记得这是个游戏，父母尽量用鼓励的方式进行，但规则必须明确，不能因孩子表现或父母心情的好坏而有所变动。

5. 每天晚上检查，在做到的事项上可以贴上一枚点点贴纸。

6. 依年龄做点点贴纸的兑换，刚开始可以是一点一元钱，到了小学之后再逐步增加，这个阶段重视的是培养储蓄及完成目标的习惯。

7. 说明完成情况并签名或盖章，这是一个社会化的过程，主要是让孩子承诺履约，并在双方认同下执行。

8. 一周进行一次结算。可以挑周日晚上结算。

9. 帮孩子准备一个透明储蓄罐，方便储蓄和取钱即可。

10. 发零用钱。

11. 不要将零用钱作为威胁的工具。比如"要是你……我就不给你零用钱""不要吵，我待会给你 10 元"，这些都是万万不可的。虽然这样做或许能达到立竿见影的效果，可一旦养成这种等价关系，后果堪虞。

12. 连续 21 天建立一个好习惯。记得每三周将孩子做得好的事项更换为新事项。比如，孩子已养成起床叠被子的习惯，父母就可以将此事项改为其他事项，如饭后协助清洁餐桌等。

13. 已养成的习惯要继续维持，原本的家务也一样分担。比如，起床后叠被子的习惯要继续保持。

◉ 使用原则

在实践中，我们常常用到这个方法，但有些父母却表示无法执行，实在很可惜。我认为他们可能在以下这个原则上尚未建立正确的心态。

点点贴纸不是等价关系。所以，父母不能对孩子说："要是你不做……我就不给你点点贴纸。"这样孩子会想，自己是不是"只要"完成任务，在家中就是个好宝宝、乖孩子？这样的观念其实是有偏差的。事实上，明确孩子在家中的责任和义务，是培养孩子责任感的重要过程。

亲爱的父母朋友们，一起来想一想我们是如何获取收入的。是不是因为我们完成了工作上的任务（mission）而得到了奖励（commission）？

这个观念同样可以运用在点点贴纸制度上。完成在家中的"工作"，也就是完成任务，孩子就能获得贴纸奖励。

点点贴纸制度就是让孩子通过游戏的方式建立劳务及生活常规。它除了可以帮孩子养成良好生活习惯外，还可以让孩子明白，他们在家中是有责任的，也有该完成的任务。

家中有两个以上孩子的父母，可以将他们作为对照组。也许哥哥会按表操课，弟弟则比较随兴，但父母不要因此责怪弟弟，可以按平稳的心情发零用钱。若弟弟看到哥哥拿到零用钱的数目与自己的有差异，或者发现他们享受的奖励不同，弟弟就会逐步进行自我修正。

使用点点贴纸，培养孩子生活常规 ▶ ▶ ▶

点点贴纸中的大部分项目是生活常规及家庭劳务。"生活常规"是父母希望孩子建立的习惯，包括孩子起床后自己叠被子、主动收纳自己的东西或者放学回家后主动把书包摆好。父母可以渐进式地训练孩子承担"家庭劳务"，比如，先让孩子学会打扫自己的房间，再扩大任务让他们打扫厨房或厕所等公共空间。

如果父母觉得完成公共空间的清洁算是生活常规的一部分，同时也是孩子应该做的，那么将这部分列为孩子的任务就完全没问题。父母只需确认点点贴纸是奖励而非贿赂，不要让孩子在获取上有理所当然的态度即可。

11

亲子一起，建立正确的金钱联结

若不想养出斤斤计较的孩子，父母势必要在金钱上多花些心思。各位有带宠物去散步的经验吗？当狗狗跑出安全范围时，你会试着拉拉牵引绳提醒它，特别是当它看到目标要狂跑时，你手里的绳子一定是紧绷的，反之则是松弛的。

☺ 以正向的态度奖励孩子

给孩子零用钱，以及对孩子进行零用钱教育，与我们带宠物去散步有点像。你和孩子之间有一条无形的绳索，当孩子拼命向你索取金钱时，你要有态度和规则，一切依规则来，不能破例，让他们知道你的"范围"。当他们熟悉你建立的规则后，你再对其适时加以鼓励。

父母大多不会吝于给孩子鼓励。若孩子的表现超乎预期，你可以给他们突如其来的惊喜，比如带他们去看场电影或者出去玩，也可以带孩子到他们喜欢的餐厅用餐，这些都是爱的鼓励。同时，你也不要忘了赞美他们的行为，让他们感到被认同，从而拥有成就感。

当然，鼓励的方式也可以是金钱。不要忘记，钱是一种"教具"。

◎ 正确的态度与原则

这里有个原则要注意——既然说它是"突如其来的惊喜"，就表示它不是常态。

当下次洗车时，若孩子问："爸爸，这次洗车会有钱吗？"你应该好好地跟他们说明："你也享受到了车子的服务，它常常载你上下学，甚至带你四处旅行，一起帮忙把它清洁干净是应该的哦！这是你的责任，也是你该尽的义务，赶快来领抹布吧！"记住，我们的态度对孩子来说是很重要的，千万别在这些规矩上乱了分寸，孩子可是很精明的。

◎ 两个不该做的金钱联结

我们使用金钱的方式受上一代人的影响很大。过去的父母可能更喜欢通过"家务"和"成绩"给孩子零用钱。但我建议，请不要直接用钱进行这两个事项的鼓励，避免孩子产生等价关系的印象。我们如果"物化"孩子的学习动机，就容易养出斤斤计较的小孩！

家务，是孩子的责任与义务

在家中，当玩完玩具，孩子是会自动收好玩具还是等父母要求了才收？

若孩子每次都需要不断催促才行动，那可能是身为父母的我们尚未给孩子建立"玩具的使用规则及权利、义务"：当孩子开始要玩玩具时，他们就必须知道，待会儿他们应该自己收好玩具——玩玩具是他们的权利，而收玩具则是他们的义务。

同样的道理，孩子是家里的一分子，在家里除了享受权利，还有责任和义务。所以，做家务、维持家中整洁，是孩子本来就该完成的分内工作，父母准备晚餐、孩子餐后洗碗该是生活常景。当然父母在安排家务工作时，也要挑选适合孩子的工作。比如，幼儿园中大班的孩子可以叠自己的衣物并将其收纳整齐，小学生可以洗碗盘或者简单地扫地、拖地。

因此，我们不需要让做家务跟金钱产生等价关系。假设我们跟孩子说："小明，来帮妈妈扫地，完成后我给你 50 元。"你觉得小明会有什么想法？

因为有了金钱的驱动，第一次小明可能会马上行动，但是当下次妈妈提出相同要求时，小明就可能会问："这次要给我多少钱？"

所以，请记得以下两个重点：

- 不要让做家务与金钱产生等价关系。
- 及早建立孩子在家里的权利和义务，父母要有能力区分奖励和贿赂的差异。

以赞美取代物质奖励，孩子更有学习动力

父母因为孩子成绩或表现杰出就给其金钱的行为，我认为是错误的！

就孩子发展的角度而言，这样的行为会让孩子认为，良好行为和优秀成绩是有价格标签的。如果孩子达到了要求，就会理所当然地认为应该得到奖励。如果孩子总是得不到好成绩，也得不到奖励，就会逐渐丧失学习的动力。

如果你希望偶尔把金钱当作其中一种奖励方式，请不要事先让孩子知道，可以将奖励当作一个令人开心的意外安排。金钱不应该与成绩挂钩，也不能作为奖励的手段。对处于求学时期的孩子来说，内在的鼓励是一种更好的奖励方式。如果孩子把浴室打扫得很干净，请父母真诚地说出自己的赞美。对孩子来说，他们一定非常有成就感，也愿意下次继续付出。

在工作中，有时候获得领导的一个认可，要比实际加薪或晋升更让人有成就感。所以，父母可以让孩子知道，成就有时会带来奖赏，但不是每次成功都会伴随特定奖励。

金钱是教具，但不可陷入等价关系 ▶ ▶ ▶

"定时定额"是让孩子完成生活中该尽的责任或义务，使孩子养成良好的生活习惯。"不定时增额"是为特定任务支付报酬，但不预先告知。

当孩子完成相对困难的任务时，我们可以给孩子一些惊喜式的奖励，别忘记父母的心态是"把金钱当作教具"，金钱是做练习用的。但提醒大家，千万别让孩子把任务和金钱看作等价关系。类似以下这段对话，一定要避免。

爸爸："小明，帮我把车洗一洗，我给你 100 元。"

小明："老爸，上次帮你洗车你给了 200 元，为什么这次才 100 元？"

爸爸：……

◉ 尊重孩子的目标，给予孩子犯错的机会

很多父母不给孩子零用钱，怕他乱花、不珍惜，甚至害怕孩子日后会对金钱斤斤计较。归根结底，其实是父母想把"使用金钱"的权力掌握在自己手中。

别忘记，金钱只是一种工具，重点在于练习。提醒父母朋友们，或许孩子会去设定一些在父母看来不重要且无意义的目标，但父母此时应该尊重孩子的储蓄或消费的权利。

事实上，做任何事都是需要练习的。与其帮孩子准备好一切，不如给他们机会去尝试。也许他们会犯错，会遇到难题，但孩子会从中得到锻炼的机会。这个经验会让他们收获良多。

FQ 教养重点

1. 金钱只是一种教具，重要的是以正向方式鼓励孩子。
2. 用"定时定额"养成孩子的生活习惯，"不定时增额"是为额外任务支付报酬的。
3. 给予孩子练习与犯错的机会。

⑫

五个重点，开始建立储蓄目标
——绿色小猪

还记得我小学三年级的储蓄目标是得到那个蓝白相间的卡通机器人吗？事后我妈发现了，她非常生气，觉得我浪费钱去买了不必要的东西，说了我整整一个月。

没错，孩子的财商没有被正确引导，是很可惜的。我们可以有技巧地支持孩子的兴趣和爱好，并从中告诉他们"天下没有免费的午餐"这个道理。通过零用钱制度，让孩子建立对完成目标的信心以及享受储蓄带来的快乐才是无价之宝。

◎ 从前，我有个绿色小猪储蓄罐

在我很小的时候，妈妈给了我一个绿色的塑料小猪储蓄罐，我记得小猪储蓄罐的上方有个储蓄孔，但没有其他洞可以把钱取出。妈妈希望借此让我养成储蓄的好习惯，因为有句谚语说："好天要积雨来粮。"说的是平时就要积存，以备不时之需，是未雨绸缪的意思。

只要爸妈给我零用钱，我就会把钱存进这个绿色小猪中，期待有一天可以进行"杀小猪"的仪式。猜猜看，我有几次成功存满小猪然后杀小猪的经验？答案是"0次"。没错，一次也没有！这个小猪储蓄罐最常使用的场景是，我一手拿个小夹子，一手把储蓄罐倒着拿，尝试把里面的零钱偷偷夹出来使用，有时夹得太多还会被发现。看起来，这真不是个成功的储蓄体验！

⊙ 储蓄的五个重点

你跟我一样用过小猪储蓄罐吗？你曾经有存满小猪储蓄罐然后"杀小猪"的经验吗？现在的你是不是也会给孩子准备一个小猪储蓄罐，期待他们主动把"小猪"喂饱呢？在我们的观察里，盲目存钱通常都会失败，因为存钱必须要有计划和方法。别傻傻让孩子重蹈我当年的覆辙！

其实，要持续储蓄是有方法的，有五个重点。

选择具体的目标

大人的理财方式跟孩子的并不会差太多，协助孩子储蓄就是找寻他们感兴趣的事项，将其当作他们的储蓄目标。注意，必须是"他们本人"感兴趣的。这个目标不一定是父母眼中非常有意义的事项，孩子的目标可能是一张电影票，也可能是一个陀螺……

我希望父母能陪孩子选择"他们感兴趣"的目标，而不是"你觉得重要"的目标，重点是在他们选择后问问他们：

- 为什么选择这个目标？
- 当得到它时，你会有什么感觉？
- 是出自好奇想买某个产品，还是因为同学拥有同样的产品？

再三确认购买这个产品的原因，避免孩子在未来看到其他物品而随意更改目标，这对孩子来说是很重要的。

我们必须认真地把孩子的储蓄和他们的兴趣结合起来，让他们对存钱有兴趣，这是养成孩子储蓄习惯的第一步。重点是让孩子对金钱、目标、等待时间等这些难以理解的概念先产生感觉，然后让他们懂得通过储蓄得到自己想要的物品，而不是开口向父母去要。

别忘记，我们是与孩子进行金钱"练习"，所以父母朋友们一定要放轻松。

其实，可视化的辅助非常有效！对年纪较小的孩子，父母可以剪下他们想要的物品的图片，并将其贴在一个玻璃瓶上面。孩子每周在存钱的时候，就会看到存款数目正在逐渐靠近目标。对于年纪较大的孩子，父母可以协助他们制作存款追踪记录本，每周重新计算存款金额。

怎样帮孩子规划储蓄、建立财务目标 ▶▶▶

　　有一次，我和孩子逛书局。5岁的哥哥找到一本介绍建筑物的书，在翻阅时，书里面的建筑会立体呈现，孩子第一次见到这样的书满心好奇、爱不释手，不肯轻易离去。我看了书的定价，480元。平时，对孩子有益的书，只要孩子有兴趣，我都很愿意为他添购。不过，那天我却做了一个不一样的决定。

　　因为这是"给孩子目标"的一个绝佳时机。我用手机拍下这本书的封面及售价后，跟他进行了一番对话。

　　我："宝贝，你很喜欢这本书对吗？"

　　孩子："对啊。"

　　我："你为什么喜欢这本书？它有什么不一样的吗？"

　　孩子："它翻开来是立体的，而且介绍的建筑物看起来都好厉害哦。"

　　我："看起来真是这样的！爸爸帮你拍好了封面及价格，把它作为你下次储蓄的目标好吗？"

　　孩子："你说的是我的绿色小猪吗？"

　　我："对啊，不过以你现在的零用钱，你大概需要两个月的时间可以存到，你愿意吗？"

　　孩子："好啊，我可以试试看。"

　　在日常生活中，父母可以多观察孩子，多跟孩子对话，就能为他们找到适合的储蓄目标，从而帮助他们循序渐进地养成储蓄、延迟享乐的好习惯。

储蓄目标要有时间性

　　在给父母朋友们上课时，我常问："你会退休吗？这辈子会退休的，请举手。"大部分父母都会举手，没有举手的通常是家庭主妇或已退休人士。

接下来，我再问："若确定有一天你会退休，请问这一天会是你生命中的哪一天？"几乎只有不到 10% 的人可以回答我。每堂课都一样。而这些回答了问题的人，通常以年龄大小来回答，有的说 60 岁，有的说 65 岁。注意到了吗？父母回答的是年龄，而不是他们所拥有的可以退休的金钱数额。如果我再追问："到了 65 岁还没有存下可以退休的钱，你该怎么办？"能回答的人就更少了。

这说明了一个问题，就是人们对未来的退休计划并没有清晰的规划，因为"退休"这两个字对多数人来说有点遥远，并非现在就该烦恼的。当然，人们也无法清楚地给出具体的退休时间。

如果换个问法："我们都有退休的那一天，你觉得要准备多少钱才能有无虞的退休生活？"把问题换成具体的金额会帮助你聚焦。假设金额是 3000 万元，那你"何时"会拥有 3000 万元？"何时"就是"具体的时间"。所以，成人在设定财务目标时有不可或缺的两大因素：一是目标，二是达成目标的时间。孩子的储蓄教育也是如此。

我还记得，在我小的时候，妈妈曾给我一个储蓄罐，但她没有告诉我要完成什么目标。当时的我只是不断把钱装进去，这个行为对我来说并没有太大的意义，只是一种数字变化而已。所以，你需要帮孩子明确实现目标的时间。比如，下个月 3 号，全家一起去儿童乐园玩，孩子的门票必须由他自己购买。那么，孩子储蓄的具体目标就是"50 元的门票钱"，"下个月 3 号"就是达成目标明确的时间。在设定目标时，这两者必须同时兼具，否则储蓄规则就丧失了意义。

从小金额的目标开始练习

你知道吗？调查研究显示，中了彩票的人，平均 7.5 年后，其生活就会回到原来的水平上，甚至更低。探究其原因，就是这个人从未"练习"过如何使用这么多钱。对，你没看错，使用金钱是要练习的！因为缺乏练习，一个人只要遇到诱惑、需求或他人借款就会照付不误。不能善用金钱的人，实在浪费了上帝给予的好运！

其实，孩子也是一样的。你是否想过，如果直接给孩子 10 万元会发生什么事？他们有可能完全不知所措！不小心中彩票的人就跟这时的孩子一样，虽然幸运，但缺乏管理能力。

存钱也是需要练习的，并且从小金额的目标开始最好，如果一下子储蓄目标太大，孩子反而会失去耐心，容易放弃，也容易更换目标。所以，当你准备给孩子零用钱时，请帮他们找一个较小的目标金额。他们完成目标后，就会产生成就感，从而拥有完成目标的信心。下一次，你再提升目标金额，这样的练习才有意义。

每次完成后，提升目标金额并延长储蓄时间

帮幼儿园或小学生设定的初始目标金额，每个星期或每个月不要超过 100 元。此时，我们需要做的只是让孩子完

成目标，然后问问他们完成目标后的感受，并帮助他们找寻下一个更大的目标，这个目标必须花较长时间才能实现。

比如，开始时，孩子的储蓄目标时间是三个星期，成功后再练习一个月的储蓄目标，让孩子从中学会忍耐和等待，并对数字和金额这些无形的东西有一定的认知和感觉。

中年级开始同时拥有两个储蓄目标

中高年级的孩子要同时拥有两个储蓄目标的能力，也就是同时执行两个储蓄计划：一个是一个月的短期目标，另一个是半年以上的长期目标。如同成人在理财时不能把购车、购房的目标混为一谈一样，养老金账户也不能等同于孩子的教育基金账户。要让孩子练习执行不同的储蓄目标，从小拥有"专款专用"的概念。

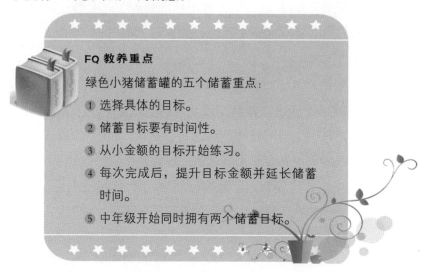

FQ 教养重点

绿色小猪储蓄罐的五个储蓄重点：

① 选择具体的目标。

② 储蓄目标要有时间性。

③ 从小金额的目标开始练习。

④ 每次完成后，提升目标金额并延长储蓄时间。

⑤ 中年级开始同时拥有两个储蓄目标。

看蟋蟀和蚂蚁的故事学储蓄

在炎热的夏天，蚂蚁一大早就开始辛勤地工作，蟋蟀则每天"唧唧唧唧"地唱歌，游手好闲，过着很舒服的生活。

看到蚂蚁辛勤工作，蟋蟀感到很奇怪，它觉得漫山遍野都是花朵，不愁吃喝，于是问蚂蚁："你为什么要这么努力地工作呢？休息一下吧，像我这样子唱唱歌，不是很好吗？"

蚂蚁一边继续工作，一边对蟋蟀说："在夏天里积存食物才能为严寒的冬天做准备，我们没有多余的时间歌唱、玩耍。"

蟋蟀听蚂蚁这么说，就不再理蚂蚁了，心想："蚂蚁真愚蠢，为什么要想那么久以后的事？现在好好享受不是很好吗？"

很快，夏天、秋天过去，冬天来临。北风呼呼地吹着，还下着冰冷的雪，蟋蟀消瘦得不成样子，一点食物也找不到。走在雪地里的蟋蟀突然想到了蚂蚁。而此时的蚂蚁早就在温暖的家里储存了很多食物。当蟋蟀找到蚂蚁的家时，蚂蚁正快乐地吃着东西。蟋蟀敲了敲门说："蚂蚁先生，请给我一点吃的东西好吗？我真的饿得受不了了……"

蚂蚁对它说："夏天的时候，你为什么不听我的话，储存一点食物过冬呢？"蟋蟀回答："夏天的时候，我每天都在唱歌，哪有时间储存食物呀。"

蚂蚁说："既然你用整个夏天唱歌，那你就用整个冬天跳舞好了，我存的食物只够让自己过冬，真的没有办法分给你。"于是，蚂蚁就把门给关上了。

蟋蟀觉得十分后悔："如果我跟蚂蚁一样在夏天储存食物多好啊。"

小朋友，听完这个故事，你是想像蟋蟀那样还是蚂蚁那样呢？为什么？你觉得蚂蚁和蟋蟀有什么不同呢？

蟋蟀的行为就是及时行乐，看到眼前有好玩、好吃的就马上享受。这与我们使用金钱的道理是一样的，如果一有钱就立刻花掉，你就永远不能完成储蓄目标。

蚂蚁不一样，它不是不想玩，但它有一个目标，就是要为冬天做好准备，所以要晚一点享乐。小朋友，有没有发现人在有目标时，就比较能够延迟享乐，为自己的目标储蓄？

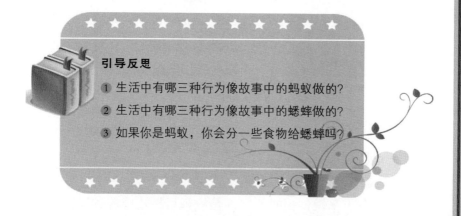

引导反思

① 生活中有哪三种行为像故事中的蚂蚁做的？

② 生活中有哪三种行为像故事中的蟋蟀做的？

③ 如果你是蚂蚁，你会分一些食物给蟋蟀吗？

带孩子学记流水账

既然知道金钱是需要分配的，那我们就需要辅助工具帮助我们检视存钱和花费的记录。记账，就是非常实用的方式。

◎ 使用记账表，检视目标进度

我大学时曾连续记账两年，我体会到，记账的好处是，可以知道每个月的开销，进而控制预算。最棒的是，每项支出都有检视点。若某个月突然增加消费，回头检视后发现是因为跟朋友去吃大餐的次数变多了，那下个月就应该有所节制。我鼓励父母朋友们自己也要记账，现在许多信用卡都有消费分析，这也可视为一种记账方式。

◎ 我的记账本

对孩子来说，记账的好处是检视目标达成的进度，同时也可以看见花费到哪里去了，有没有买太多不需要的东西。上小学后，孩子可以利用记账表上的记录，做一个月的预算规划。孩子从幼儿园大班或小学开始，已经会一点加减法的计算了，他们可以自己记录。

父母朋友们可以依照下面这些图表格式，配合步骤说明，进行生活记账！

与自己的金钱约定

与孩子一起读出以下内容：

我是_____。

从今天开始，我与自己立下约定，要成为金钱的好管家。

我知道每一元钱的价值，当我每次获得收入时，都会先存后花，善用每一元钱是我的工作，也是我的使命。

双方签名或盖章。注意，这是社会化的过程，主要是让孩子懂得履约，在双方认同下执行。

储蓄

一起跟孩子确认储蓄目标。记得必须是孩子感兴趣的目标，不是你觉得重要的目标。把这个目标的金额写上去，最好将目标的照片也放上去，"可视化"的目标效果更好，孩子执行意愿也较高！写上预计要完成的日期（提醒一下，这是周计划），记录孩子每周存入的金额，让孩子看见除了储蓄罐的钱在增加外，数字也在跟着增大。

花费

记录当周的花费项目，通常是支付"需要"和"想要"

之间的差距。只要是在父母认知的合理范围内，孩子就可以用消费账户支付。关于买东西的概要及其引导技巧，我会在第 3 章详细介绍。

整合"我的点点贴纸"记录

趁着孩子定下储蓄目标之时，父母可整合之前的"点点贴纸"记录，和孩子一起讨论家庭生活中的责任和义务，以及孩子的习惯养成、公共领域的工作分配，等等。

一开始，项目不要太多，对于学龄前的孩子，父母可以为其挑 5~7 件事来做，比如，起床后自己叠被子、表达时"好好说话"。父母可以每天晚上检视，依孩子年龄做点点贴纸的兑换。

对于学龄前的孩子，可以一点兑换一元。在此阶段，孩子花钱机会较少。随着目标的不断达成，父母可逐步提升孩子的储蓄目标及金额，让储蓄和消费的账户互相搭配。

FQ 教养重点

① 记账的好处是，可以知道每个月的开销，进而控制预算，让每项支出都有检视点。

② 只要孩子会一点加减法的计算，他们就可以学习记流水账。

③ 跟孩子一起进行以周为计划的储蓄目标，若能将目标可视化就更棒了！

第 3 章

学习当个金钱的好管家

—— 消费，先别急着吃棉花糖

★ 辨别"想要"与"需要"，
学习延迟享乐

★ 理解"先存后花"，控制
预算分配

★ 通过"教练式引导"，让
孩子进行思考

你曾因孩子在卖场里什么都想买而备受困扰吗？除了拒绝他们以外，你有没有更好的沟通方式？有些父母宠爱甚至溺爱孩子，对孩子有求必应。难道父母每次都要满足孩子"想要"的吗？

父母平时的消费方式其实都在无形中影响着孩子。若现在不从"聪明消费"着手，孩子在未来面对琳琅满目的商品时就不知道如何判断。在这个章节中，我们就来谈谈如何学习当一个金钱的好管家，谈谈孩子在买东西时应该注意的地方，以及如何对孩子的消费加以引导。

延迟享乐，"控制"金钱的品格力

"需要"和"想要"是我们布莱恩儿童商学院课程常提及的概念。在"小红帽的冒险"课程中，老师扮演的大灰狼会让"小红帽"买一些探望奶奶时不需要的东西，除了把"小红帽"的钱骗光外，还计划吃掉"小红帽"！通过这个故事，我们让孩子身临其境，能够更直观地辨别"魔法商店"里的诱惑。孩子除了学习伸张正义外，还能提升辨别能力。

我们也借此告诉孩子，生活中有很多类似的诱惑，比如精美的广告以及让人非买不可的促销方案，都容易让人掉入"大灰狼"的陷阱中！所以，我们在下次去买东西前要多想想自己真正需要的是什么。

◎ 简单辨别"需要"和"想要"

如果人们"想要"的超过"需要"的，简而言之，就是买的东西比需要的东西多，就是一种"过度消费"的行为，会造成浪费甚至产生财务问题。我们需要告诉孩子，在"需要"和"想要"之间，其实有一条"合理消费力"的线。父母可以通过这条线，检视亲子的消费项目在哪个区间。

请画一条横线，线的左边是"需要"，右边是"想要"，中间再画一条垂直中线——这条中线就是"合理消费力"。

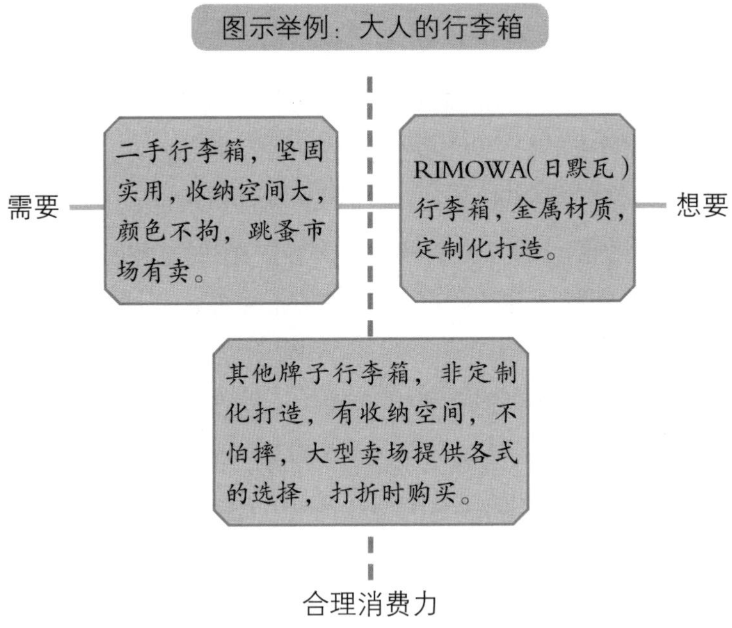

图示举例：大人的行李箱

需要 —— 二手行李箱，坚固实用，收纳空间大，颜色不拘，跳蚤市场有卖。 ｜ RIMOWA（日默瓦）行李箱，金属材质，定制化打造。 —— 想要

其他牌子行李箱，非定制化打造，有收纳空间，不怕摔，大型卖场提供各式的选择，打折时购买。

合理消费力

深度思考"想要"和"需要"

从定义上说，"需要"的是生活中的必需品，而"想

要"的虽然能增加物质上的享受，但没有它其实也没关系。

我的孩子非常喜欢吃寿司，我们在家中会一起做寿司，一来让孩子认识食材，二来增加亲子相处的乐趣。但有一天我带他们去吃了"藏寿司"之后，他们对吃寿司这件事的需求就不一样了。"藏寿司"有一个让孩子吃一次就成主顾的最大诱因，就是每集齐五盘寿司，即可拥有一次抽扭蛋的机会。当然，不一定每次抽奖都有奖品，但为了赢得扭蛋，平时食欲不好的孩子也会兴高采烈地一盘接着一盘地吃。

这里要提醒父母朋友们，我们不能每次都满足孩子去吃"藏寿司"的请求，应该借此机会告诉孩子，在家做的寿司虽然没有扭蛋可抽奖，但是寿司里包进了一家人的爱。爱是生活中"需要"的。虽然去外面寿司店吃拥有了抽扭蛋的乐趣，但这些扭蛋的成本也包含在寿司价格里。所以，吃"藏寿司"是生活中"想要"的，而非"需要"的。

从父母的角度来说，父母也可以想想自己生活上的"需要"和"想要"。比如，在如今很多城市房价居高不下的情况下，你想在市中心拥有一套小户型房屋，这套小户型房屋可以换郊区一套三室两厅的房屋——你是"需要"住在市中心，还是"想要"住在市中心？若"需要"的成本太高，那么你是不是可以在市中心先租一套房，或者选择交通便利的其他地方居住？当我们可以清楚地判断"需要"和"想要"之间的那条线时，我们在教育孩子的立场上就会坚定许多。

◎ 孩子怎样辨别"需要"和"想要"

当孩子年龄还小时,"需要"和"想要"的定义比较简单,但随着孩子的年龄和认知的增加,父母就需要帮助他们辨别。

有时候在卖场里,我们会发现某个孩子哭闹着向父母索求某个东西,父母不知如何收场,场面非常尴尬。随着孩子的情绪越来越高涨,哭闹的声音也越来越大,父母只能满足孩子的需求,或者赶紧把孩子带离现场,并且告诫道:"你下次再这样,我就不带你来了!"

> **如何定义"需要"和"想要"** ▶ ▶ ▶
>
> "需要"的是生活中的必需品,而"想要"的虽然能增加物质上的享受,但没有它其实也没关系。

我会在下一小节中分享一些方法,避免出现这种尴尬的场面,让你完胜家中的"伸手牌"小孩!

在我们的教学现场,我发现孩子其实可以很轻易地分辨"需要"和"想要"。比如,口渴的时候是喝水还是喝可乐?我想这个答案应该很简单,水是"需要",可乐是

"想要"。但在现实生活中，我们都知道，孩子是知易行难啊！

◎ 通过延迟享乐，学习金钱控制力

"控制力"是金钱养成品格中的一个重要特质，而"延迟享乐"本身就是一种控制力的展现，其核心是，我明明现在可以得到我想要的，但是我选择不要，因为我要忍着去换更大的回报。

我们来看看犹太人是怎样教育孩子的。在犹太人的财商教育中，最重要的一点是培养孩子"延迟享乐"。所谓延迟享乐，是指延期满足自己的欲望，以追求未来更大的回报。这几乎是犹太人教育的核心，也是犹太人成功的最大秘密之一。

犹太人会这么教孩子："你如果喜欢玩，就要去赚取你的自由时间，这需要良好的教育以及学业成绩；之后你可以找到很好的工作，赚到很多钱；等赚到钱以后，你可以玩更久的时间、玩更好玩的玩具。但如果你搞错了顺序，整个系统就不能正常进行，你只能玩很短的时间，最后的结果就是你会拥有一些很快就会玩坏的便宜玩具，然后一辈子必须更努力地工作——没有玩具，也没有快乐。"

FQ 教养重点

① 让孩子学会辨别"需要"和"想要"。

② 想想自己的"合理消费力"的线在哪里。

③ 犹太人教育的核心是延迟享乐。

15

先"需"后"想"分配好，注意广告和营销

"消费"可以带来满足感，确实是件让人开心不已的事情，对孩子来说更难以抵挡其诱惑。尤其是现代社会的诱惑太多，虽然孩子明明知道要选择"需要"，但实在有太多"想要"了！父母可以先通过两个"聪明消费"的方法——识别广告手法和善用促销，提升孩子"聪明消费"的技能，避免其掉进广告及商人的营销技巧中。

识别五个广告手法

当孩子吵着要买玩具时，除了说"不行"，我们还有没有其他说法？当孩子被广告吸引时，我们能否放下"广告都是骗人的"这种偏见，与其"一起欣赏"广告？

在我们的生活中，处处充斥着广告，我们可以教孩子用以下五个"聪明方法"赶走广告"小妖精"，从形形色色的商品中分辨、购买真正需要的商品。

色彩包装

每一种颜色都代表不同的意义，产品的包装或广告招牌之所以使用颜色，是为了使产品更加吸引人。下面我们就一起来看看常见的色彩各自代表什么意义吧。

粉红、粉蓝色

粉嫩的色彩代表了青春与可爱，很多商品用粉色来吸引小朋友，让他们不自觉地就想购买。此外，女性保养品也常常使用这种色彩，仿佛让人感觉使用之后，皮肤就会变得像婴儿一样嫩滑。

红色、黄色

红色和黄色代表一种欢乐的气氛，这种颜色常被用于餐饮业的招牌上，因为餐厅希望顾客在用餐时是愉快的，麦当劳的招牌上就用了红色和黄色。快餐店每年都会花许多广告费营造欢乐的气氛，这样的氛围连大人都很难抗拒，更何况是孩子。试想一下，小朋友爱吃的薯条如果换成不同颜色的包装，还会让人想到就流口水吗？由此，我们就知道色彩的厉害了！

黑色、灰色

这类稳重的色系代表了专业，需要展示专业形象的商品常常用这种颜色，比如汽车、名牌西装或套装，招牌或商品以黑灰色呈现能提升其质感。

夸张画面

很多广告画面与商品图片其实都带有夸大不实的成分，比如，每次在便利店看到泡面的图片就觉得泡面很好吃，但买回家之后，总会觉得泡面与广告差很多。仔细一看才会注意到包装上的那一行小字："图片仅供参考，请以实际商品为准。"对于这些连大人都容易陷入其中的美好画面，小朋友就更难抵挡其诱惑了。

广告代言人

很多商品都会找明星或名人代言，孩子看到自己喜欢的偶像都在使用这些商品，觉得自己用了之后就会与偶像有了更紧密的联系。比如，很多学生穿了美国职业篮球联赛（NBA）明星球员代言的球鞋后，就会感觉自己打篮球也比较厉害；很多人使用了美女明星代言的保养品后，就会觉得自己也变得像她一样具有偶像风范。虽然我们都知道不会有这样的效果，但到了偶像崇拜年纪的孩子，特别容易受到吸引。除此之外，明星或名人的代言也是商品的一种质量保证，会让人觉得既然连这样的名人都在使用，那它一定特别美味或有效。

功能比较

常看电视购物的人对功能比较的手法一定不会陌生。比如，卖拖把的厂商除了介绍自家产品的清洁效果有多好外，还会拿出其他品牌的拖把来对比一下，利用对比的方式凸显自家品牌的商品更有效果，也暗中贬低了竞争对手。这样戏剧化的对比效果不一定真实，却足以给观众留下深刻的印象。

朗朗上口的主题曲

很多产品或商家都有自己的主题曲，为了提高品牌熟悉度，主题曲都会采用最容易让人记住的旋律。产品采用主题曲的宣传形式，先与消费者拉近距离，日后消费者也就会自然而然地购买与自己情感亲近的产品。想一想，当你身体不舒服，面对琳琅满目的感冒药不知如何选择时，你的脑中是否会自然地响起这首歌："感冒用××，咳嗽用××……"这种简单且重复的广告歌曲洗脑似的进入我们的生活。当需要购买此类产品时，相比没听过的品牌，消费者通常会购买自己熟悉的品牌。

善用促销，聪明购物

比起广告手法，更厉害的是"促销"，许多促销活动除了让潜在用户直接购买外，还会让这些用户购买比原本需要的更多的东西！比如，消费者到便利店买咖啡，原本只要买一杯，此时店员说："今天咖啡第二杯有七折优惠，还可以寄杯，下次再来拿！"这是不是让原本只"需要"买一杯的消费者很可能多买了一杯？消费者心想："反正我下次也有可能再来买，而且还可以寄杯，那就趁这次打折多买一杯吧！"表面上看消费者只是多买了一杯，但你有想过吗？对便利店来说，它多了一次消费者再上门的机会。下次你去取咖啡时，也许又多买了其他的东西——看吧，商人的算盘是不是打得很精！

什么是促销？买一送一、咖啡第二杯七折、集点数送奖品、同件商品买两件可抽奖……都是促销的手法，父母可以带孩子在商店里多观察，并一起聊聊对促销活动的看法。

促销不一定是不好的。如果某种产品是你本来就需要或者计划购买的，那么你确实可以利用促销。这也是一种"聪明消费"的表现。

像这样利用生活的方方面面和孩子聊聊理财，是非常好的一种财商教育方式。孩子的财商教育，很大一部分是建立在培养孩子正确的价值观上的。

"聪明消费"的两个观点 ▶ ▶ ▶

1. 识别广告手法，分辨什么才是自己需要的。
2. 善用促销，购买本来就列入计划的物品。

◎ 冲动消费会让财务安全遇到什么风险

财务安全不仅只涉及资产配置、控制风险，冲动消费也会造成财务上的不安全。父母朋友们有没有想过什么样的消费行为会让自己的所得付诸东流？

现代社会的消费速度越来越快，支付系统也越来越完备，这代表消费者下决定的时间也越来越短。以前的广告商要做广告，方法单一且昂贵，比如电视广告、广播广告……过去都是"人去找广告"。

现在是"广告去找人"，根据平台里使用者的经验，系统会自动为其推送他可能感兴趣的广告或影片——若你在影音平台搜索过有关料理的影片，平台就会给你推荐有关料理的影片。脸书（Facebook）这样的社交媒体或者谷歌（Google）这样的搜索引擎平台，也布满了大量的广告，所以说现在是"广告去找人"一点都不夸张。此外，也有许多网红通过"开箱"视频的方式，与消费者分享如何购买性价比高的产品，不过这不一定符合消费者的个人需求。

现在的消费习惯与以往的已经大不相同，所以如何在短时间确认自己的购物需求也是一门学问。我们好好跟孩子谈谈消费，让孩子运用聪明、有效的方式来使用每一元钱吧。

学习当个金钱的好管家——消费，先别急着吃棉花糖

FQ 教养重点

① 五个广告营销手法: 色彩包装、夸张画面、广告代言人、功能比较、朗朗上口的主题曲。

② 利用促销也是一种"聪明消费"的表现。

③ 冲动消费会让财务安全遇到风险。

"聪明购物 123 法则"，让你成为消费小高手

小朋友，当你真的想要买某件东西时，我与你分享一个"聪明购物 123 法则"，希望能为你把好消费关，让你做出更理性的决定！

"1"：多考虑一天

"1"是指当你想要买某件东西时，再多考虑一天。有时候，离开那个购物现场，或者多一天的考虑时间，你就会突然冷静下来，发现自己并不是真正需要那件东西，只是当时想要而已。

"2"：找出两个好处

"2"是指找出这个商品的两个好处。买了这个商品之后，它会给你的生活、家庭关系或学业带来什么好处？一定要具体地说出来，然后才能购买。

🍎 "3"：要货比三家

"3"是指至少到三家店里对比同一种商品的价格。你知道吗？很多相同的东西被放在不同的商店里，它的价格就不一样了。比如，一瓶果汁在大卖场里卖20元，但在便利店里可能就卖25元。

所以，一定要记得货比三家。台塑集团已故的董事长王永庆说过："你赚的一块钱不是你的一块钱，你存下来的一块钱才是你的一块钱。"所以，不该花的钱不要花，要把钱花在刀刃上。

小朋友，下次准备要买东西的时候，别忘了"聪明购物123法则"，你可以成为一个越来越有智慧的购物专家！

16

孩子的消费账户——红色小猪

提升孩子的消费观念其实是渐进式的，否则容易导致孩子挥霍或成为凡事斤斤计较的小气鬼。上街购物确实是一件开心的事情，但若想无止境地消费，可能只有中彩票的人才能实现吧！不只是孩子，大人的消费也需要专款专用、控制预算才行。我们就让这只专管消费的红色小猪帮孩子"聪明购物"吧！

先存后花，执行预算分配

读高中时，我有一个同学非常迷恋乔丹，他想买一双乔丹品牌的球鞋。有名人加持，这双鞋当然价值不菲，要价3000元，这对当时的我们来说可是天价！我的同学非常想得到这双鞋，于是省吃俭用，把每天的饭钱都存下来，我时常看到他到福利社买个面包当作午餐。就这样过了三个月，那双乔丹鞋就穿在他的脚上了。

我其实很佩服这位同学的毅力，他忍耐的功力实在非同常人。但长大后回想起来，我觉得这似乎不太健康——身为父母的我们，一定不希望孩子用这样的方式去达成目标。

还记得我之前提到过代表储蓄账户的绿色小猪吧？教导孩子学习财商知识需要循序渐进，在拥有代表消费账户的红色小猪之前，孩子应该练习完成储蓄目标——这个练习时间最好是半年以上，或者孩子实际执行储蓄计划并达成目标6次以上。

帮孩子养成储蓄习惯及拥有完成目标的信心之后，我们才可以给孩子开设另一个账户——红色小猪，把部分消费的权力交给孩子。这些钱可以当作孩子的零花钱，用于购买可爱的本子，或者支付他们"想要"的和"需要"的物品之间的差价。

每一次的购买或分配对孩子来说都是一次提升财商的练习。如果想要提早完成目标，孩子可以多分配一些预算到绿色小猪中。当平时看到一些想买的小东西时，孩子应该先考虑一下："这些是我需要的吗？"每次获得收入时，孩子一定要执行"先存后花"的步骤。如果孩子在小学阶段拥有了分配能力，那么到了初高中拥有更多的零用钱后，他们才能系统地规划自己"需要"的和"想要"的东西，然后进行预算分配，也能执行较长的储蓄计划。这些都需要养成期。

你的孩子有没有可能因为一双鞋或一部手机正在省吃俭用？与其如此，不如好好与他们一起制定游戏规则。我们就通过两个账户来练习"先存后花"吧！

鸡蛋不要放在同一个篮子里

在孩子的财商课程中，我最想传递的是，用孩子能懂的语言，将大人世界里的财商观念提早教给孩子。

做财务顾问这么多年，我知道金钱是如何影响个人及家庭的，特别是经历过金融危机，我更清楚地了解到"财务知识的建立过程并没有快捷方式"。我们都知道"鸡蛋不要放在同一个篮子里"，但是能做到的人极少。在2008—2009年的金融危机期间，将资产全部放在结构性商品或者衍生性金融商品里的人，大部分都来不及赎回，从而造成了巨大的亏损，甚至血本无归。这笔钱若是你的养老金、买房的首付款或者孩子的留学学费，你该怎么办？

两个小猪的相互运用 ▶ ▶ ▶

搭配运用两个账户才能教出延迟享乐的孩子。财商教育中的延迟享乐就是，"我现在明明可以选择想要的东西，但我选择不要，因为我会去换更大的东西（储蓄账户目标）"。父母可以放心地把钱交给孩子去分配，但不要忘记，孩子要做到"先存后花"，先把大部分存入用于储蓄的绿色小猪，再把剩下的钱放进红色小猪。

鸡蛋不要放在同一个篮子里，其实就是"分离账户"，也就是把不同用途的钱放在不同账户中。这个基本概念非常重要。

◎ 让孩子认识"分离账户"

"分离账户"的观念非常重要！我们希望孩子从小就学好对金钱（预算）的分配管理，最基本的练习方式就是将"储蓄"和"消费"的账户分开。想想看，如果父母只给孩子一个账户，那么储蓄的目的是什么？如果有时孩子想买一些小东西，该怎么办？父母应该通过两个账户的搭配运用来解决上述问题！在我的课程里，讲述最多的就是"分离账户"搭配"先存后花"的观念。没有这个基础观念打底，讲述投资、资产、现金流、非工资收入等都言之过早。

我建议，孩子上小学后就可以进行"分离账户"的练习了。首先，准备好两个储蓄罐，一个是专门存钱的绿色小猪，另一个是专门消费的红色小猪。

存钱的绿色小猪在前一章提到过，这里的钱用于长期的目标，需要等待一段时间才可以达成。红色小猪储蓄罐中的钱则是用于消费的，主要是让孩子自行支付"需要"和"想要"的物品间的差价。比如，一支普通自动铅笔是 10元，卡通人物形象的自动铅笔是 35 元。孩子可能只"需要"一支自动铅笔，但他们"想要"卡通人物形象的自动铅笔，因此"想要"和"需要"之间的 25 元价差就可以让孩子从红色小猪中支取。

这样做的好处是，让孩子学会"自己决定"是否该买想要的东西。确实，孩子难免会有物欲的时候，比如，想要的可爱本子、小零嘴都可以由红色小猪去支付，这个储蓄罐的使用没有时间、地点的限制，孩子有权自由使用。

我们都知道，花费少一点，存钱就会多一些，但这里的重点是让孩子学会"分配金钱"这门功课。此时，孩子的财商是逐步建立并提升的，少了练习的过程，他们就无法处理突如其来的金钱。存钱是一种练习，消费也是一种练习，买东西的先后顺序还是一种练习。在这样的过程中，父母要多和孩子一起讨论，随着练习次数的增加，孩子对价值观的判断就会变得越来越强。父母不用担心孩子会犯错，因为这时候孩子容易教育；即使孩子犯错，成本也比较低。因此，父母一定要留意"分离账户"的相关学习。

◎ 分配的比例拿捏及顺序

许多父母在给孩子发放零用钱后，以为只要做好监督的角色就好，其实并非如此。

一开始执行两个账户是有比例要求的，我们建议储蓄要超过收入的50%以上，因此当我们给孩子零用钱时，第一个动作就是要求孩子将至少一半的金额存进绿色小猪，比如，100元的零用钱要存入50元或50元以上，剩下的再放入红色小猪，让孩子自己决定要购买的物品。当孩子还在低年级时，他们可能想要一些小东西，那就请他们自己支付"想要"和"需要"之间的差价；当孩子到了中高年级时，他们处理金钱的能力变好了，零用钱也增加了，红色小猪的钱就转换成支付孩子"需要"的东西，比如，放学肚子饿时买面包，或者购买一些文具用品，等等。

所以，要掌握两个前提：一是优先把钱存入绿色小猪（储蓄账户），再把剩余的钱存入红色小猪（消费账户）；二是每次存进绿色小猪的钱都要超过存入红色小猪的钱，储蓄账户要大于零用钱的 50%。

FQ 教养重点

① 执行预算分配，让红色小猪帮孩子"聪明购物"。

② 做好"分离账户"，让孩子学会不要把鸡蛋放在同一个篮子里。

③ 掌握"分离账户"的比例，先存后花，并让储蓄大于零用钱的 50%。

两个小猪，可以存钱也可以花

小朋友，你在存钱吗？你是不是有一个储蓄罐，拿到钱就投进去呢？这样做非常棒！不过，这样存钱也是有缺点的，你在平常存钱时可能会发现以下两种状况。

第一，当你设定了一个储蓄目标后，为了要存到钱，是不是其他什么东西都不能买了？你是不是觉得自己被限制了？

第二，如果常常把储蓄的钱拿出来买其他东西，你就永远都达不到自己当初设定的储蓄目标，很伤脑筋是不是？那怎么办呢？这里有个办法，不仅能让你完成当初设定的储蓄目标，还能让你能够在需要时买到自己想要的东西！

储蓄用的绿色小·猪与消费用的红色小·猪

请你先准备两个储蓄罐，一个是绿色小猪储蓄罐，一个是红色小猪储蓄罐，它们必须是透明的，可以让你清楚看见里面有多少存款。绿色小猪代表储蓄账户。有时候是为了完成一个比较大的目标，需要你多花一点时间存下更多的钱。当每次拿到零用钱时，你都要先"喂"它，至少要存下零用钱的一半；剩下的钱"喂"红色小猪，即消费的账户，让你可以购买一些小金额的东西。

要记住，当每次拿到零用钱时，你一定要立刻分配——先存后花，这个顺序很重要！如果拿到零用钱之后总是先花后存，你就会发现最后剩下的很少，甚至你可能把钱都花光了。如果你拿到零用钱之后都会为了完成目标先存钱，剩下的再拿去消费，你就能保证自己每次都能存下钱。

这件事连很多大人都做不到！不信的话，小朋友可以问问爸爸妈妈，他们有没有先存后花呢？有的话就太好了，那他们就是你的好榜样！如果他们还没有做到的话，你们可以一起努力，让全家人都养成正确的理财习惯。

🍎 设定短期目标

还记得我在前文所讲的要把储蓄目标画下来、说出来、贴起来吗？那么，我们要怎么样设定目标呢？千万别急着先存买房、留学或创业的钱。我们存在绿色小猪里的钱主要是为了完成短期目标的，也就是六个月以下的目标，比如，去海洋乐园的门票或者买一本喜欢的书。所以，小朋友可以与爸爸妈妈一起讨论设定一个短期目标。

千万别忘了先从一些小的目标开始练习储蓄，当你完成目标，有了成就感后，你就会知道存钱是一件多么有趣的事！接着，慢慢拉长目标时间，再去完成第二个储蓄目标、第三个储蓄目标，你会发现，储蓄可以帮你买到很多自己想要的东西。

而红色小猪的钱就是让你用来零花的。当你有两个储蓄罐时，你就会发现自己既能存到钱，也可以满足一些小小的购物欲望。

🍎 先存后花 + 马上记录

找一个本子记录你现在存了多少钱，还有多少钱可以花。每次存钱、花钱后，你都要在当天将其记录下来，这样你就会清楚地知道自己离目标有多远，或者还有多少钱可以花。如果你想快一点达成自己的储蓄目标，你就多往绿色小猪里放一些钱。不过，你也别忘了留一点钱给红色小猪，有时候生活中还会有很多突然的花费。而且，花钱也是需要练习的，练习的次数越多，你就越能"聪明"地买东西。

最重要的是，在拿到钱后一定要将其分为两个账户，先存后花。从现在开始就准备两个小猪储蓄罐，学着把金钱分配得合理又恰当吧。

17

运用"教练式引导"与孩子对话

身为父母，在把钱交给孩子时，我们是不是总是希望孩子能够做出自己心目中的决定呢？

之前提到过，我们既要给孩子"钱"，也要给孩子"权"——前提当然是孩子先尽了他们的责任，比如，按照点点贴纸里的规范行事。在我的观察中，要父母对孩子全然放手，一开始是有挑战性的。这时，父母就需要"教练式引导"这个好方法来帮忙。

◎ 什么是"教练式引导"

我的事业教练曾说："一位称职的父母要有三种角色——老师（教导）、教练（启发）、朋友（陪伴）。"

作为孩子的老师，父母要教孩子掌握生活的态度、知识与技能，让孩子能够应对生活；作为孩子的教练，父母要启发孩子发挥潜能，让孩子能做最棒的自己；作为孩子的朋友，父母要做到与孩子无话不谈，让孩子能够获得心理上的支持。

那么，具体来说，父母该何时当孩子的老师、何时当孩子的教练、何时当孩子的朋友呢？

一般来说，当孩子遇到不懂的问题时，父母就要化身为老师去教导孩子；当孩子想要在某个方面有所突破时，父母就要化身为教练去启发孩子；当孩子沮丧时，父母就要化身为朋友与孩子倾心交谈。

要了解"教练式引导"，我们首先要从"教练"的原意说起。"教练"的英文是 coach，这个单词的另一个意思是"马车"。马车要帮助坐在马车上的人去他想去的地方，而不是去马车本身要去的地方。所以，能够帮助另一个人达成目标的人就是教练。因此，在通过"教练式引导"对待孩子时，父母就要把自己当作一辆马车，也就是以孩子为主体，帮助、陪伴孩子努力突破瓶颈，找到并达成孩子的目标，而不是父母的目标。目标可以小至突破学业课题，大至确立人生目标。如果这个目标是孩子自己设定的，他们就有动机去执行，有责任感去达成，因为这个目标是他们想要的。而这一切都必须通过一系列有效的对话来完成，因为孩子心中的想法就是经由亲子间的对话逐渐塑造出来的。

❀ 孩子买了东西却没在使用，该怎么办

许多人对自己正在追求的某个心爱物品总是心心念念，

但在真正拥有了这个物品后，就会把它放在一边偶尔观赏，有时甚至会忘了它的存在。这是因为你已经拥有、征服了它，它已经给了你满足感，至于实用性，可能就不那么讲究了。对孩子来说，这个道理也是同样的。

有时候孩子终于买到了自己梦寐以求的积木，但玩了两次就再也不玩了。此时父母心里一定觉得这非常浪费，于是问："为什么不玩积木了呢？"

孩子回答："因为我觉得不好玩。"

父母："明明是你存了两个月的钱才买来的，这不是很浪费吗？"

孩子回答："这是我用自己的钱买的，你当初也支持我买啊！"

没错，明明就是他们用自己的钱买的，我们好像也无从置喙。但是，我们难道就要放任他们这样浪费吗？

其实，在应对这个状况时，我们有一个正确的步骤。我们可以利用"教练式引导"，让孩子重新认识他们的购买行为。在这个过程中，他们也能学习到如何更聪明地购买东西。父母别错过了和孩子练习金钱对话的好机会，在购物前后都要应用相应的小技巧。

◎ 利用"3S 引导法则"，提出让孩子思考的好问题

在孩子购买东西前，我们可以利用"3S 引导法则"协

助孩子先练习思考，再下决定。在孩子购物行为完成后，我们可以就三个问题与孩子一起聊聊这次消费行为。

第一个 S（stop）：暂停

让孩子停下来想一想："我真的需要把钱花在这个物品上吗？"如果孩子非常确定自己要这么做，父母就可以使用前文讲过的"聪明购物 123 法则"，询问："你可以说出两个购买理由吗？"

给父母的小提示 ▶ ▶ ▶

1. 为了给孩子犯错的机会，不要错过每一次跟孩子讨论金钱的机会。

2. 在日常的场景中，让孩子学会比价，并享受消费的乐趣。

3. 让孩子拥有控制小额金钱的练习机会，这样他们才能在日后控制大额预算。

第二个 S（scheme）：策划

问问孩子，如果他们花钱买了这个物品，是不是就得放弃另一个物品？有没有其他更想要或者同类型的商品可以代替这个物品？这是训练孩子学习"机会成本"的绝佳机会。

假设孩子想要买"钢铁侠"水壶，他们可能要放弃去游乐园玩一次的机会，孩子必须在"钢铁侠"水壶和"去游乐园玩"两者中选择一个。若孩子选择了"钢铁侠"水壶，游乐园的门票就是他们的机会成本。这种提问方式可以协助孩子再次确认自己的购买决定。

第三个 S（support）：支持

如果孩子能回答以上问题，那么无论最后他们决定购买与否，父母都要支持——即使知道这是一个错误的决定。父母不要急着教训他们，可以在购买之后通过以下三个问题协助孩子将这次购买行为当作一个有价值的经验。

> 问题 1：你对自己的消费感到满意吗？
> 问题 2：你有没有因为这次消费放弃什么？
> 问题 3：下一次你会不会做出同样的决定？

这三个问题可以让孩子得到这次消费的宝贵经验。"3S引导法则"使用的时机是，孩子用自己的钱购买物品的时候。无论钱来自绿色小猪还是红色小猪，父母都可以与孩子进行理性讨论。身为父母的我们不要过度主导，要适时给孩子的行为保留一点弹性。

FQ 教养重点

① 既要给孩子"钱"，也要给孩子"权"。

② 利用"3S 引导法则"（暂停、策划、支持），提出让孩子思考的好问题。

③ 购买后的三个问题：你对自己的消费感到满意吗？你有没有因为这次消费放弃什么？下一次你会不会做出同样的决定？

整个卖场，都是我们的理财教室

跟孩子一起享受比价购物的乐趣吧！带孩子进行产品的比价，让他们发现这件事情其实很有趣！许多孩子对细节非常着迷，父母可以趁一家人到超市时试试看，也许孩子会在超市里找到最划算的产品！

◉ 5~9 岁的孩子：从制定一个晚餐预算开始

1. 思考今晚吃什么。

假设要吃意大利面：什么口味？要什么配菜？需不需要水果、牛奶？让孩子预估晚餐会花多少钱，让孩子对"三餐"产生数字上的概念。

2. 拟定清单。

将所需的物品列成清单，让孩子知道这张列表就是今天的采购任务。

3. 出发去买菜。

本次买菜的任务是购买晚餐的材料！请尽可能将精力集中在购买清单内的东西上。

4. 结账、收好发票，进行记录分享。

核对一下，是否购买了计划外的物品，这个动作可以协助孩子日后进行更加周密的计划。

5. 让孩子协助做菜。

对孩子来说，这是件很有成就感的事，也是家庭关系更融洽的催化剂。

● 10~12 岁的孩子：参与家庭支出的周计划

1. 预算。

预估一周所需的家用总预算，再进行个别项目的预算规划。

2. 分类。

将需要购买的项目进行分类，比如生活用品、食物、文具、娱乐用品，将预算制作成表格，并填入个别细项。

3. 列出清单。

出发前，列出所需物品的清单。

4. 购买、比较。

到了卖场后，带领孩子学习比价。比如，两种品牌的花生酱的价格可能差了三倍，但是价格较高者可能没有过多添加剂。另外，若是孩子喜欢水果，那么父母可以向他们说明，当季水果比较便宜、新鲜，适时给孩子接受教育的机会。除了比价的乐趣，孩子还能学到一些健康理念。此外，在购买抽纸时，父母可以让孩子留意卖场货架上标记的每一抽多少钱，让孩子学会注意细节。

5. 记录账单。

回家后，打开购物小票或发票比对购物清单，看看是否有超出清单的项目。

6. 比对购物结果。

将此次购物金额与预算进行比对，看是有结余还是超支。

7. 回顾并分析。

想一想下周购物时可以进行怎样的改善。（结余会让孩子产生成就感！）

8. 聆听且赞美。

听听孩子的分析，并给予他们一些鼓励。因为他们能够为购买做计划，已经学到了消费技巧。

阿毛的梦想

我们来听听阿毛的梦想，看看他怎么用钱，帮他分析一下问题出在哪里，然后帮他想想要怎么解决这些问题。

阿毛有一个梦想，就是用自己的零用钱买一张游乐园的门票，和同学一起去玩。

妈妈每天给阿毛 200 元零用钱，阿毛可以买早餐、文具或者其他需要的东西，多余的钱可以存起来。

这一天，阿毛上学途中到便利店买了一瓶牛奶（20 元）和一个饭团（20 元）当早餐，还买了一包他最喜欢的草莓软糖（12 元），结账时看到旁边造型可爱的原珠笔（99 元）有他最喜欢的"钢铁侠"图案，于是决定买一支。早自习考英语，他拿出刚买的"钢铁侠"图案的原珠笔答题。下课铃响时，老师说下节课要互相改考卷，请同学准备好红笔。阿毛发现红笔没水了，于是赶快到商店买了一支红笔（10 元）。这时他突然觉得有点口渴，便顺手买了一瓶矿泉水（10 元）。他忘了自己的水壶就在教室里，回去就可以喝到自己带的水。

中午时，阿毛不喜欢学校发的营养午餐，只吃了几口就跑到商店买了一个肉松面包（10元）。

下午上体育课，打篮球出了一身汗，他又跟同学到商店买了一瓶大罐绿茶（20元）畅饮。

阿毛就这样满足地过了一天！

想一想

① 你觉得阿毛有机会完成梦想吗？

② 阿毛在花钱上面有什么问题？有什么是他不该花或者花钱太多的？

③ 阿毛买的每一样东西中，哪些是他真正需要的，哪些是他想要的？

④ 帮阿毛想想办法，要怎么改变既能完成梦想，又能买到生活必需品呢？

◉ 结语

阿毛没有先储蓄再消费，拿到零用钱就全花光了，这样是无法存够钱去游乐园玩的。所以，我们拿到零用钱要先储蓄一部分，然后买"需要"的东西，最后买"想要"的东西，还要衡量买的东西是否花了很多钱。

每个人都有需要的和想要的东西，需要的东西是与健康、学业、工作、职业生涯发展有关的东西，想要的东西则是期望得到但若无法拥有也不会影响生活的东西。每个人对想要的和需要的东西的认定可能有所不同，重要的是，自己要清楚在什么情况下应该做什么事，真正需要的东西又是什么。我们不要花了钱却没有买到真正需要的东西，反而给自己造成了困扰和负担。

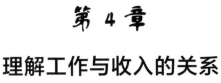

第 4 章

理解工作与收入的关系

——收入，天下没有免费的午餐

★ 和孩子聊聊父母的工作

★ 认识各种职业与工作内容

★ 带领孩子认识创业

我们都知道"天下没有免费的午餐"这个道理。若不想让孩子变成"啃老族",你首先要做的是让孩子认识你的工作,明白你是如何获得收入的。

许多孩子不清楚真实世界中的金钱是怎样运作的,单纯地认为父母的手机或信用卡可以购买任何东西。如此下去,这会导致孩子在价值观或行为上产生偏差。

在为孩子建立起"完成工作才有收入"的观念后,父母也必须让孩子想想:身为小朋友,他们在家里需要完成的"工作"是什么?自己有什么责任?

孩子也需要知道家里的收入

我生活在比较传统的家庭，记得小时候父母最常跟我说的一句话是："小孩子有耳无嘴！"这句话指的是大人讲话的时候，小朋友只能听，不要问问题。父母当然也不太让孩子参与家庭事务的讨论，包括孩子佩戴的眼镜、穿的衣服、吃的食物……这些基本上都由父母决定——他们可能不知道我非常讨厌读中学时他们帮我配的"黑框眼镜"！直到青春期时我已经有自己的主见了，这种状况才有了些改变。

◎ 你会跟孩子说"家里没钱"吗

在我小的时候，我爸妈就认为"小孩只要认真读书、把功课顾好、平安长大"就可以了，这也是我当时在家的责任和义务。当然，作为小孩的我，那时并不知道父母在外面上班的情况，更别说理解家里的经济状况了。我记得爸妈总是省吃俭用，家里的玩具也很少。每当我和妹妹要求买东西时，爸妈就会说："我们家没钱。"当我们羡慕别的同学可以出去旅游时，爸妈就会说："我们家没钱。"当我们觉得过年红包太少时，爸妈就会说："我们家没钱。"这些话听多了，小时候的我甚至觉得家门口的春联横批该改成"我家没钱"。久而久之，作为孩子的我也越来越不敢向父母提要求了。

◎ 换个说法，更健康

父母说"家里没钱"，确实是个快速拒绝孩子的方法，但这无形中会让孩子产生自卑感，觉得自己不如人，还会羡慕同学，甚至可能产生行为偏差。

长大以后，我开始理解父母的工作及家中的经济状况了，我发现我们家并不是没钱，而是有着双薪收入，也算是个小康家庭。不过，我的父母可能不知道如何跟孩子分享金钱的运作方式，以及收入是如何产生的。其实，当时只要父母换个说法，比如"我们家目前没有这个预算"会比"家里没钱"的效果好很多！

因此，父母朋友们，若你们觉得孩子提出的要求不合适，请别说"家里没钱"，换个说法吧！

当我带孩子外出经过便利店时，孩子常常会想要吃冰激凌，但我不希望给孩子养成外出一定要吃零食的习惯，所以当孩子要求时，我会回答他："我们今天没有这个预算。"久而久之，孩子也就能接受并习惯这样的对话了。

所以，不要以"家里没钱"来拒绝孩子的无理要求，而是要好好与孩子分享金钱的使用规则。趁着这个机会，父母也可以和孩子谈谈自己是如何获得收入的，提早告诉他们"有工作才有收入"的硬道理。

分享职场工作，是跟孩子沟通的好机会 ▶ ▶ ▶

父母可以与孩子分享一下自己当天工作上开心或有收获的事，也请孩子聊聊他们在学校有什么开心的事。父母先开启话题，再请孩子分享。父母也可以谈谈自己在工作上遇到了什么挑战，如何与他人合作，或遇到了什么难题，又是如何解决这些难题的。

我鼓励每位爸爸或妈妈多谈谈自己工作上有成就感的事情，常用正面思考、正面语言，让孩子崇拜你，这样的家庭肯定更加和睦。

不要和孩子这么说！五大"NG"（不好）金钱对话：

爸爸妈妈工作很累，赚钱很辛苦。

→让孩子感受到父母工作时的负面情绪，从而对未来工作感到不安。

一直告诉孩子"要存钱、存钱、存钱"，却没教他们怎么花钱。

→花钱也是一种练习，只有练习如何花钱的孩子长大后才能够更好地控制金钱。

你应该把钱放进绿色小猪里，不要放进红色小猪里。

→教孩子存钱时，父母是孩子的"理财教练"，要扮演好引导的角色，但不要过分地干预。

你只要玩和学习就可以了，家务不用你做，把学校的事情顾好就可以了。

→孩子会失去做家务的机会，也无法体会父母的辛劳。

你做完这件家务事，我就给你 100 元。

→孩子会认为家务不是自己应该承担的责任。

◎ 有收入，是因为有"解决问题"的能力

告诉孩子"完成工作才会有收入"的道理，是很重要的。我在财商课程里会设立"工作站"关卡，把孩子们分组，然后通过游戏闯关的方式进行教学。工作站的老板就是关主，会对孩子提出要求、检视细节并要求成果。这样的情境式教学会让孩子们投入游戏中，从而明白工作不是一件轻松的事情。

这个课程非常重要，课程的重点是让孩子"体验工作的实际状况"，而这种体验与其他单位的职业体验活动有很大的不同。在我的课程中，关主会严格检视成果，让孩子认识到工作不是一件轻松的事，而是有任务和要求的。他们只有解决了问题、完成了任务，才会有相应的收入。除了让孩子了解"有工作才会有收入"外，这个课程也会培养他们必须完成工作的责任感。

这样的课程也能让孩子明白，无论父母从事何种工作，之所以能得到报酬，都是因为他们有办法解决问题、完成任务，从而让孩子知道"具备解决问题的能力才有价值"。所以，我们和孩子谈工作、收入的最终目的其实是，培养孩子的责任感和同理心。

当孩子建立了"完成工作才有收入"的观念后，父母还要让孩子想一想：小朋友在家里要完成的"工作"是什么？有什么责任？父母还要告诉孩子应该完成的责任，比如准时起床、准时出门上学、准时交作业、帮助父母照顾弟弟妹妹……这些都是让他们学习负责任的开始。

◎ 如何跟孩子分享你的工作

不要轻视你给孩子工作认知上的错觉！当你工作后带着疲惫的心情回家，看到孩子正在吵闹时，你会说"乖一点！爸爸上班很辛苦"吗？这样的说法与态度会对孩子造成什么影响呢？

我的电视机遥控器

还记得在小学三年级时，我最喜欢只上半天学的周三，通常这天下午我可以看更长时间的动画片。我们以前住在旧式公寓的四楼，隔音不太好，上下楼梯的声音非常清楚。当我在看动画片时，若听到脚步声，总是非常紧张，因为那是我爸爸回家的脚步声。我爸爸在工厂上班，工厂机器的声音很大，一天下来，疲惫的他回家后只希望家里一片宁静。所以回家后，他会直接拿起电视遥控器关掉电视，结束我的娱乐时间，甚至有几次还严厉地要求我回房间，让我觉得自己好像做错了什么事情。

> **犹太妈妈的金钱智慧——职业无贵贱 ▶ ▶ ▶**
>
> 　　国外有许多父母让孩子做家务，或者出去打点小工。很多中国父母怕这样会让孩子未来对金钱斤斤计较。但在犹太父母眼里，这样的金钱教育不仅是一种理财教育，更是一种人格和品德教育。
>
> 　　如果看见有人在垃圾箱里翻找一些空的矿泉水瓶，孩子一般都会问："他们找空瓶子做什么呢？"你可能会回答："这些人没有钱，很可怜，他们可以找一些空瓶子去收废品的地方卖钱。"
>
> 　　对于孩子的这个问题，犹太妈妈会怎样跟孩子说明呢？她会强调，这个世界上有很多种工作，人们靠这些工作来赚钱，只要自己付出了劳动，并且是通过正当途径赚钱，就没有贵贱之分，都是一样的。

　　那时的情境让我到现在还无法忘记，让我觉得大人的工作一定是很痛苦、很有压力的，不然爸爸怎么会一回家就凶巴巴地关掉我的电视？那是我第一次对大人的工作产生印象。但当自己工作后，我发现工作上确实有压力，不过更多的是工作上的挑战，还有获得成就感的乐趣！这都是父母没与我分享过的。

孩子对工作的理解，取决于父母使用的语言。我们都希望孩子体会父母的辛劳，但不要用话语、态度对孩子产生负面影响。身为父母的我们，其实只要多花 30 秒，跟孩子好好沟通、说明，孩子就一定能学会体贴，也能理解父母的疲累与辛苦。

◎ 跟孩子分享父母工作的步骤

我建议父母朋友们在条件允许的情况下，带孩子进入职场，让孩子了解父母真实的工作环境。每个人在工作时都会产生各种情绪，可能有辛苦、有压力、有挑战，当然也有开心、有成就感，这些都要让孩子了解。我们要让孩子明白："无论开心还是难过，自己都必须要把工作完成，这样才能得到应有的报酬。"平时在家，我们也可以多跟孩子分享当天上班的心得。以下是我跟孩子的对话，提供给父母朋友们作为演练参考。

> 布莱恩："宝贝，今天在学校有没有学到什么呢？"
>
> 孩子："没有哦，上课好无聊。"
>
> 布莱恩："你知道吗？今天爸爸跟班级里的大哥哥、大姐姐们分享理财观念，他们一开始觉得'我又没有钱，干吗理财'，不过因为我很用心地教，带他们玩投

资小游戏，让他们发现理财原来是很有趣的，他们在课后还向爸爸问了很多问题呢！"

孩子："爸爸好厉害哦！"

布莱恩："不是爸爸很厉害，你有没有观察到，你的老师要带一整个班的学生，与你们朝夕相处，除了陪伴你们，还要教你们知识，是不是花了很多心思呢？"

孩子："对哦！像今天英语老师为了要教我们单词，准备了很多道具；为了加深我们的印象，他还放了相关音乐让我们学习。他真的好用心哦。"

布莱恩："对啊，你的老师跟爸爸一样，都要负责把学生教会，这是我们的责任，也是我们应该做的事。当然，我们的付出也会得到薪水。若是把事情做得更好，我们还可能有加薪的机会。"

孩子："好的，我知道了！"

FQ 教养重点

① 不要跟孩子说"家里没钱"，请换个方式："我们家目前没有这个预算"。

② 多和孩子对话，分享自己的工作。

③ 使用正向思考和语言，谈谈工作上有成就感的事情，让家庭更和睦。

家庭跷跷板

小朋友，你家里有谁在工作呢？你有没有发现每种工作都需要很多知识和能力，并要付出时间和体力呢？你觉得工作容不容易呢？赚钱的人辛不辛苦呢？

请你算一下，家里用钱的人总共有几个？

请问家里有几个人在赚钱？

家里是赚钱的人多还是花钱的人多？

赚钱的人辛不辛苦？工作的人赚够自己用的钱就可以了吗？是不是还要供养家人？

你知道爸爸妈妈的工作是属于哪一种类型的吗？他们的工作有哪些辛苦的地方？

我们来画一个家庭跷跷板，家里的每一个人都要坐在上面，从而达到平衡。如果没有平衡，家庭就可能会垮掉。我们把付出、赚钱的人放在一端，享受成果、花钱的人放在另一端，这个跷跷板的重量来自家里每个人的付出。如果这个家里只有爸爸在付出，其他人都在享受成果，这个家庭就会不平衡。比如，妈妈也许没有出去上班，但是她把家里打扫得很干净，还煮饭给大家吃，所以妈妈在"付出"这里就增加了重量。那小朋友呢？虽然你现在还很小，暂时无法出去赚钱，但如果你在家里只享受别人的付出，也会让跷跷板不平衡！

我们一定要记得，家里的每个人都享受了家庭带来的福利，也要分担家庭的责任。想想看，你能上学去学东西、吃好吃的食物、用电灯照明、洗澡、睡舒服的床，有时候还可以出去旅行……这些都是你享受的家庭福利。那么，作为小朋友，你觉得自己能够付出什么呢？

在家庭里，你要尽到自己的本分，爸爸妈妈在外面认真努力地工作。多数时候，妈妈更辛苦，回家后还要保持家里的整洁。所以，小朋友首先要努力处理好关于学习的事情。既然大家都是家庭的一分子，那么家里的事情也必须相互分担，这才是一家人！

家里的事很多，小朋友可以帮忙擦地板、打扫厕所、整理餐桌、洗碗、倒垃圾、晾晒衣服等。而且，做家务的好处有很多，不但可以让家里变得更舒服，更有秩序，还可以让小朋友做事更有逻辑性，从而不断培养责任感！

当你为这个家有所付出时，其实你的感觉会变得更好，因为你不只是在享受，也在为家庭做贡献。因此，你在家庭跷跷板上的重量就增加了。你分担了家里的责任，爸爸妈妈感受到了家里经你打理后让人舒服的感觉，他们也享受了家里的福利。每个人都有付出、有享受，家庭的气氛就会十分和谐。

所以，你今天的小任务就是做一个小记者，访问你家里在工作的人，了解一下他们的工作内容，哪里有趣、哪里辛苦，他们之前又是做了什么努力才可以拥有现在这份工作的，以及他们为什么可以在跷跷板付出的这一端。

接下来，你可以和爸爸妈妈一起画一幅专属于你们家的跷跷板图。当下次看到想买的东西时，你先别急着叫爸爸妈妈给你买，可以想一想：你为这个家付出了什么？你可以付出什么来维持这个跷跷板的平衡？

孩子需要认识的工作收入形式

父母朋友们是否带孩子参加过商家为孩子举办的小小体验活动？比如，小小餐厅服务生、小小便利店店员、小小消防队员、小小记者或小小主播。在这些活动中，孩子穿上制服，身临其境认识、体验某种工作需要注意的事项，从而引发其探索相应职业的兴趣。

在参加完这些活动后，父母若能继续带领孩子了解"工作的形式"，就能让体验效果加倍！让我们用以下的亲子活动实践，提升孩子对劳动型工作、知识型工作及创意型工作的认知。

通过职业卡，带孩子认识工作的不同形式，并了解工作必备的条件吧！

圈圈涂色

发现工作大不同

学习目标：1. 了解劳动创造收入
2. 得知赚钱不容易
3. 认识各种类型的工作

○○○○○○○○○○○
○○○○○○○○○○○
○○○○○○○○○○○
○○○○○○○○○○○
○○○○○○○○○○○

"日"字游戏

**发现我的脑袋
会赚钱**

学习目标：1. 介绍创意类工作
2. 创意带来收入
3. 认识合作经济

动动脑，请把以下的"日"字加上一笔变成新的字或不同的图案，看看谁最有创意。

日 日 日 日

日 日 日 日

日 日 日 日

日 日 日 日

亲子不出门，在家玩工作

父母朋友们在家会觉得无聊吗？用一些小游戏，和孩子一起从生活中认识大道理吧！

🍎 游戏一：圈圈涂色，发现工作大不同

你想过怎么和孩子讨论做事情的态度吗？其实，用一个小游戏，你就能让孩子知道工作时需要专注、认真与谨慎的态度！

◉ 单元目的

了解"劳动才能创造收入"的道理，明白工作不仅要完成，也要完善。

◉ 活动人数

最好有 2~3 个小朋友一同进行。

◉ 用具准备

圈圈涂色纸（可依人数复印使用）。

◉ 活动内容

1.给小朋友 5 分钟时间，请他们用铅笔将附录中的圈

圈涂色，不能超出外缘界线，需要涂成实心的圆，涂的圈圈数越多，越能得到高分（请父母自定义奖励）。

2.时间到了之后，计算孩子"涂满而且没有涂出范围"的圈圈数。

3.依达成数量给孩子奖励。

☀ 提问反思

1.在涂圈圈的时候，小朋友会不会想着要赶快涂，涂很多圈圈？

2.为什么想要涂很多圈圈？

3.有没有不小心涂出圈圈界线？

4.最后得到奖励的小朋友是涂最多圈圈的人，还是涂"合格"圈圈最多的人？

5.要怎么样才能涂出合格的圈圈？是不是要小心、谨慎？

6.小朋友觉得这个让大家涂圈圈赚钱的工作跟大人在做的真实工作有什么相同的地方吗？是不是都需要花时间？是涂得越多就赚得越多吗？要怎么做才能真的赚到钱？

☀ 结语

工作就是用时间、能力换取金钱，就像刚才涂圈圈的时候，我们需要认真、专心、谨慎。我们只有认真努力地涂圈圈，才能得到奖励报酬。真实世界的工作也是这样的，如果工作不认真，我们就有可能赚不到钱，甚至会失去工作。

所以，若想要赚钱，我们就必须付出时间和努力，还要有认真的态度。

🍎 游戏二：职业大猜谜

为什么社会上要有这么多不同的工作？那是因为我们不可能什么都做：盖房子、种水稻、种菜、种水果、缝制衣服……人类需要互助合作才能生存，一个人无法做所有的事，所以需要各行各业的专业人士互相帮助！

◎ 单元目的

让孩子认识到工作需要的知识和能力，了解自己的特质和兴趣，有助于孩子未来选择适合自己的工作。

◎ 用具准备

职业卡（见附录，可裁下使用）、《职业对应条件表》（见附录）。

◎ 活动内容

初阶版

父母读出职业卡上的叙述，最快举手猜对的小朋友可以获得积分或奖励，父母稍微说明这些职业叙述，帮助小朋友认识职业、了解各行各业的重要性。

进阶版

1.把职业卡平分给每个小朋友（若人数足够，可两人一组互相讨论），小朋友要想一想，卡上的职业需要具备什么样的能力，需要付出什么样的努力。

2. 父母读到哪个职业，手上有那张职业卡的小朋友就要报告自己的分析情况。父母可以等小朋友报告完，请小朋友看看《职业对应条件表》上的职业对应条件，并勾选看看，也可请其他小朋友补充其没讲到的。父母简单说明该职业需要的学历与其他条件，让小朋友知道必须努力学习，让自己储备那份工作所需的知识和能力。

3. 父母可将职业卡贴在白板上，请小朋友讨论这些职业的收入高低。简单来说，收入高低基本上与工作知识、能力需要预备的时间和复杂程度有关。

◉ 结语

只要是正当的职业，每个职业都很重要！孩子要想知道长大以后做什么工作，首先需要了解工作的性质和需要具备的知识能力，了解自己的兴趣和适合的工作，然后努力认真地学习！

🍎 游戏三："日"字游戏，发现我的脑袋会赚钱

有些工作的性质需要付出比较多的体力劳动，比如作业员、木工、警察等，也有一些工作不需要太多体力劳动，但需要有创意，从而创造出特别的东西。父母可以和孩子一起玩玩这个游戏，然后试试可以想到多少新东西！

◉ 单元目的

介绍创意类的工作，理解创意可以带来收入，认识合

作经济。

◉ 活动人数

4 人以上，两人一组。

◉ 用具准备

"日"字纸（见附录）。

◉ 活动内容

用"日"这个字发挥创意，看看可以写成哪些其他的字或图案。想得越多，得到的积分就越多。

1. 请小朋友先用两分钟时间在本子上画出或写出"日"字的创意联想。

2. 两分钟时间到，发给各组一张"日"字纸，给每组 3 分钟时间来讨论，在"日"字纸上画出和写出新的创意。

3. 每组轮流发言，报告完后，每组都能拿到奖励。

◉ 提问反思

1. 刚才小组讨论的时候，你觉得这些困难吗？

2. 你喜欢哪一类型的工作？创意型、劳动型（以付出体力为主）还是知识型？为什么？

3. 虽然工作分为这三种类型，但是你觉得有没有哪一类型完全不会用到体力，哪一类型完全不需要知识，哪一类型完全不需要创意？

刚才大家做的就是发挥创意，不管你们觉得难不难，其实都可以想得出来。大家在这么短的时间内就能想出这些，如果再给多一点时间，就一定能想出更多。所以，有没有发现我们每一个人都有什么？那就是创意！创意就在我们的脑袋里，只要用心想，我们就能想出新东西！

● 结语

每一种工作都需要花时间、付出体力、有相关的知识。工作遇到问题时，我们也需要发挥创意并想出解决办法。所以，这三种类型的工作其实都需要知识、体力和创意，区别在于哪一种的占比高。无论孩子现在觉得自己喜欢的工作类型是什么，这些都可能随着他们越来越认识自己、发现自己的兴趣和特质，或者认识更多的职业而改变。通过这个过程，孩子会越来越清楚自己适合什么职业。但是不要忘记，每种工作都需要付出体力劳动、发挥创意和有专业的知识，这些都需要学习。所以，无论以后做什么工作、能不能把未来的工作做好，其实都与孩子现在的学习有很大的关系。

跟孩子谈谈创业吧

跟孩子谈谈创业吧！创业也是获取收入的一种形式，在这个"双创"（大众创业、万众创新）的年代，孩子可以发挥的机会有很多。比如，20年前我们可能没听过视频博主这个职业，如今它已经成为许多孩子的梦想。未来10年还会有更多职业被创造出来，更多传统职业会被取代，所以我们必须让孩子拥有创新及思辨能力，因为这是未来不会被机器人取代的能力。

企业家精神：解决问题 & 提供价值

创业的最终目的在于"解决问题，提供价值"，所以在对孩子进行创业教育前，父母要突破迷思：创业不代表一定会富有，也不代表创业者的社会地位与其他行业从业者的社会地位有所不同。要让孩子知道什么是"企业家精神"，让孩子知道创业者与他人的不同主要在于思考问题的方式不同。脸书的创始人马克·扎克伯格最初只是想创建一个利于大学生互相交流的社交平台，没想到他将这一想法付诸行动，竟然打造了一个新的商业模式。如今，这个商业模式已经成规模化发展，带来极大的社会影响力。许多创业者的创业初衷都源自想为更多人服务、提供更棒的解决之道。

是不是每个孩子都需要学习创业知识呢？我的答案是"不一定"，不是每个人都适合创业。创业的乐趣在于未知，当然风险也伴随其中。

在有关儿童财商的基础教学里，我谈到了对金钱的正确态度、处理金钱的能力和孩子价值观的提升，以及孩子与他人合作能力的提升等方面的知识。在这个教育过程中，孩子明白了有比金钱更重要的事，能辨别自己的资产和负债，开始重视时间的分配，等等。其实，这些知识在孩子未来做开创性事业时，都是十分宝贵的。

◎ 我有好点子！小小创业家的微型创业课

在布莱恩的理财训练营中，我们会让孩子学习一些关于创业的细节，借此让孩子了解一门生意或一项事业是如何运作的。

例如，我们会准备许多纯白色 T 恤，要求孩子以此为基础设计"大学生最喜欢的运动服"。我们先在教室内给孩子分组，开展有关创业活动的沟通讨论，进行工作任务的分配。接着，重头戏来了！我们会让孩子在助理老师的协同下，进入大学校园直接找大学生进行真实的市场调查，以了解大学生的意见与期望。

孩子会问接受市场调查的大学生："请问你在运动时，希望穿的衣服是什么款式、什么颜色的？希望衣服具备其他功能吗？"

布莱恩老师的创业小学堂 ▶ ▶ ▶

练习成为小小创业家的六个关键步骤：

1. 选择你感兴趣的产品或者想要解决的问题。

2. 为你的产品取一个有意思的名字，给客户留下深刻印象。

3. 进行市场调查，知道产品要卖给谁。

4. 为你的产品定价，是高单价还是低单价？

5. 发挥团队力量。人才是企业经营最大的核心，找对人，做对事。

6. 进行强有力的表达及宣传，让好产品搭配好想法，制作醒目的宣传海报，加强对客户的吸引力。

通过这样的调查，孩子会听到各种各样的答案，比如，有的大学生希望衣服能排汗、透气，有的希望衣服能显瘦、保暖，有的希望衣服有放置手机的地方，等等。

我们称这些从市场上搜集到的信息为"商业机密"，它们也是顾客的需求所在。这时，我们会特别告诉孩子："你不会去卖一件大家都不需要的东西，所以掌握客户的需求就是掌握市场的先机。而且，你必须要有解决问题的能力，看看自己能否提出好的解决方案。"

在把市场调查结果带回教室后，各组就开始发挥分工合作的能力了！作为老师的我们，会尽可能地让每个孩子都有所发挥，所以助理老师会适时介入，协助各组工作任务的分配，有些人设计草图，有些人买材料，有些人做预算，还有一些人需要做展演销售练习。

最后的压轴环节是"产品发布会"，我们会让孩子上台展示各个团队的设计理念、款式及用途。有些团队甚至设计了自己的服装品牌，展现出自己独一无二的品牌设计理念，以争取投票者的支持。我们会让大学生进行真实的投票，获取最高票数者，即可获得团队最高积分。

我们想通过这样的环节让孩子明白，再好的产品也需要一场精彩的演说，如何介绍自己的产品是品牌推广的重要一环。

我们一般会用一整天的时间来让孩子参与并理解创业的整个流程。通过巧思及创意，发挥团队合作精神，我们能够将一个平凡无奇的物品打造成一个备受欢迎的品牌。其中需要孩子学会工作分配、市场调查、设计出产以及营销推广等每个细节！创业能让孩子快速提升逻辑思考能力，并学习为人处世之道。

在日新月异的时代变化中，教育如不能与时俱进，就会使未来孩子成功的成本越来越高。

FQ 教养重点

① 现在是"双创"年代，孩子可以发挥的机会更多！

② 让孩子关注创新及思辨能力，这是未来不会被机器人取代的能力。

③ 创业的乐趣在于未知，风险当然也在于未知。

游园会的创业练习

其实，创业教育离我们并不远！当学校或小区举办类似的"游园会摆摊"活动时，父母朋友们千万别觉得麻烦，运用创业六步骤，放手让孩子自己去筹划，孩子就能在生活中上演一场真实的微型创业秀！

创业的六个步骤如下：

1. 游园会中大部分是卖吃的、用的或玩的小店，与孩子讨论他们希望卖什么东西，或者提供何种服务。

2. 取店名很重要，这是客人对一家店的第一印象。此外，工作人员的穿着也可以有巧思，大家可以穿戴同样颜色的帽子或同色系的衣服，从而提高小店的识别度。

3. 进行市场调查，找出服务的差异化。比如，在游园会中卖贡丸汤，客人希望买了贡丸汤还可以获得什么？比如，买一碗贡丸汤送一只气球。

4. 为商品定价，是高单价还是低单价？评估参加游园会的人会花多少钱买你的商品或服务。

5. 孩子不用自己包下所有的事项！确认好店名及要卖的东西与服务后，可以由父母协助找到相关的供应商。

6. 进行宣传和营销。让孩子思考如何在整个游园会中让别人记住自己的小店，也让别人愿意分享自己的小店信息和商品。

小小创业家必备的 10 个能力 ▶ ▶ ▶

1. 资源整合的能力。
2. 与他人协作沟通的能力。
3. 组织的能力。
4. 接纳不同意见的能力。
5. 看懂问题的能力。
6. 问对问题的能力。
7. 回答问题的能力。
8. 解决问题的能力。
9. 营销自己，让别人认识、喜欢自己的能力。
10. 营销产品，让别人喜欢自己产品的能力。

第 5 章

学会分享，让世界更美好

——捐赠，帮助他人的宝贵能力

★ 分享的多元方式与可能
★ 拥有解决问题的能力
★ 认识儿童财商三账户的黄
　金分配比例

现在的孩子大多在物质上并不匮乏，父母也在各方面都尽量满足孩子。不过，"千金难买少年贫"，尽早让孩子体会"资源匮乏感"是很重要的！让孩子体会到付出的快乐和帮助他人的幸福，是比赚取金钱还重要的事。

做好事，能分享，存幸福

在你的孩子已经拥有了储蓄账户和消费账户，并坚持使用一段时间后，恭喜你已经完成了给孩子的基本财商训练了！在这里，我将告诉大家如何存下幸福。

我们知道，孩子所拥有的物品和收入，大部分源自父母。因此，许多父母对孩子是否明白捐赠、分享的概念存有疑问。

捐赠是儿童财商教育中的重要一环，这个良好的观念起源于基督教文化中的"十一奉献"。我们认为，孩子要学习分享或捐赠的概念，应该从学习基础的观念开始。

接下来，我会与大家分享，如何通过捐赠观念培养孩子的同理心和解决问题的能力，以及让孩子认识到"什么是比金钱更重要的事"，从而帮助孩子建立完整的捐赠理念与能力。

◉ 流浪狗之家的抉择

通过以下的例子，父母可以了解到，取舍之间都是智慧。

想象一下，孩子已经开始执行两个账户有一段时间了，你也跟孩子设定好他们的储蓄目标是明年暑假全家去上海迪士尼玩三天，学生门票是 334 元。孩子满心期待暑假的到来，绿色小猪也经过日积月累逐渐接近目标了，孩子看着储蓄罐里的金额一天天变多，越来越开心。

有一天，孩子放学后经过天桥，看到天桥上的一个摊位在卖几只看上去有点可怜的小狗，它们都是被主人弃养的，暂时被收容在流浪狗之家。有些狗狗的状况似乎不太好，不仅毛发脱落，身体上还带有残缺，看到人后甚至流露出恐惧的神情。孩子的怜悯之心油然而生，想到自己在储蓄罐里已经存了近 334 元，便说道："尽管这些钱原本是要去迪士尼玩的门票钱，但是这些狗狗看起来比我更需要这些钱！"于是，孩子决定舍弃原本的玩乐目标，跟父母提出要把全部储蓄捐给流浪狗之家。

这时候，你要如何处理？如何跟孩子沟通？

建议你先别急着往下看，合上书，先用几秒钟想想自己会怎么做。在合法捐助的情况下，你的想法可能有以下几种：

捐

当然捐！难得孩子有这样的同理心，我实在太开心了，孩子长大了。

捐一半

捐全部好像太多了，孩子存了那么久，还是留一点吧。

不捐

开什么玩笑！好不容易存到的钱，怎么可以花在帮助动物身上？要是孩子捐了，到头来出去玩还不是要我付钱，万万不可！随便找个理由拒绝吧！

☺ 捐钱就会解决所有的问题吗

我在前文中提到过，父母就是孩子的"理财教练"，应该协助并监督孩子准时完成储蓄目标。如果孩子捐了储蓄目标里的钱给流浪狗之家，是不是就破坏了完成目标的约定及金钱规则？但是，如果连一元钱都不捐，这就太不合乎人情了，既否定了孩子的同情心，又显得父母太铁石心肠？难道培养孩子学习财商知识，就是要让孩子成为"铁公鸡"吗？

跟着我的设想，你可能已经被我的问题限制住了！难道我们只能跟孩子谈论捐多少钱吗？对流浪狗之家而言，它们只需要接受钱的帮助吗？拥有这些金钱就能解决所有问题吗？

也许我们可以换个角度来思考这个问题，试着跟孩子讨论一下，为什么会有流浪狗？是不是因为弃养或者没有给狗狗做绝育？

在市场经济中，"有需求，就有供给"。从这个角度来看，之所以会出现"流浪狗现象"，是因为有"制造商"以及社会结构存在问题。

父母应该明白，"孩子愿意与他人分享或捐赠"这件事本身并没有问题。但是，我们是不是已经形成思维定式，当灾害发生时，我们都关注"是不是需要有人负责任""哪位名人捐了多少钱"，而忽略了事情发生的本质问题？要知道，孩子拥有最少的就是金钱，上述例子中的 334 元可能是孩子的全部金钱，假如都捐出去，这对孩子来说就是"裸捐"。请问各位父母，你们会裸捐给"流浪狗之家"吗？若你们自己不会，那就不应该这样教育孩子。

分享从养成"同理心"开始

父母可以跟孩子一起探讨，让孩子培养解决问题的能力！比如，我们可以带着孩子当志愿者，协助专业团队把医疗资源送至偏远乡村，帮助有心共同解决流浪猫犬问题的民众克服金钱、交通、时间上的困难。如果能深入了解问题的本质，那会比直接捐助 334 元更具教育意义，也能让孩子明白，帮助别人不只是金钱上的捐赠，也可以化成实际的参与行为。

我们谈了很多关于金钱的观念，也谈了很多金钱的功能，孩子除了需要了解这些相关的知识外，更需要了解的是，许多事情不是金钱能够彻底解决的。这时，父母就应该给孩子设置一个分享账户。

FQ 教养重点

① 分享，是很棒的能力与财商观念！

② 培养孩子的同理心，比让孩子单纯地捐钱更重要！

③ 让孩子知道，钱不能解决所有问题，还有更多可以做的。

分享快乐的储蓄罐——橘色小猪

现在，孩子已经拥有储蓄账户和消费账户了。当他们已经理解"先存后花"的观念，也操作得驾轻就熟了，建议你开始跟他们沟通如何通过自己的计划去帮助更多需要的人，也就是设置一个"分享账户"。

通常建议这个分享账户的金额占全部零用钱的10%，但这里的钱不是从储蓄中分出来的，而是从消费账户中拨出来的。为什么呢？消费账户是让孩子用来零花的，他们可以购买自己想要的东西，如果他们能牺牲一些自己的享受，把其中一部分拿来提供给有需要的单位或个人，这就是设置分享账户的最大意义。分享账户的最大核心精神就是，让孩子提早知道自己有帮助他人的能力。如果帮别人忙是靠父母的能力和资源，孩子就不容易获得成就感，也很难发现自己的价值。

儿童财商三账户的黄金分配比例

所以，就让孩子拥有自己的三个账户吧！我们建议孩子零用钱的分配比例是：储蓄占 50%，消费占 40%，分享占 10%。

☺ 孩子的三个小猪

拥有三个小猪，不仅可以完成孩子的储蓄目标，还能满足孩子日常生活中的花费，更棒的是可以帮助别人。希望我们的孩子因为拥有金钱而拥有更多的快乐！让孩子的每一分钱都发挥最大的价值，他们也一定能通过每一次的零用钱分配，逐渐成为一个有纪律、能计划的孩子。

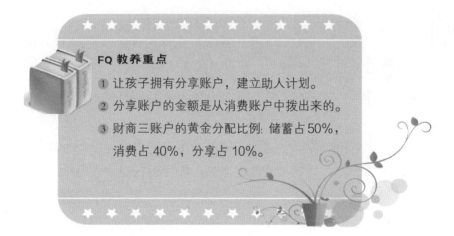

FQ 教养重点

① 让孩子拥有分享账户，建立助人计划。

② 分享账户的金额是从消费账户中拨出来的。

③ 财商三账户的黄金分配比例：储蓄占 50%，消费占 40%，分享占 10%。

不快乐的富翁

有一个富翁非常有钱，可是他一点都不快乐。他把所有的钱、珠宝都装进一个大袋子里，决定只要有谁能够让他快乐，他就把这个袋子送给谁。

富翁找了很久，问了又问，最后抵达一个村子。听了富翁的烦恼，有个村民说："你应该去见见大师。如果他没有办法让你找到快乐，那就没有人能帮你了。"

富人非常激动，急忙跑去找到这位大师，说："我来找你就是为了一个目的，那就是找到快乐。我这一生所赚来的财富都在这个袋子里。如果你可以让我找到快乐，我就把这个袋子送给你。"

大师沉默了一会儿，突然从富翁的手里抓了袋子就跑，富翁一急，又哭又喊地追上去。因为他在当地人生地不熟，没一会儿就追丢了。他简直快气疯了，哭喊着："天啊，我这一生的财富都被抢走了，我现在什么都没有了！"

他哭得死去活来，没想到大师竟然跑了回来，把袋子放在了他的身旁。富翁见到失而复得的袋子，终于破涕为笑："啊，太好了，真是太好了！"

这时大师来到他的面前："你现在觉得如何？觉得快乐吗？"

富翁回答："我真是快乐极了。"

◉ 提问反思

这是不是一个很好笑的故事？其实，富人前后拥有的东西是一样的，但他在拥有时并不满足，等到失去了才知道珍惜。确实，有些东西是金钱买不到的，比如快乐。你有没有发现，有时候我们的快乐不是来自我们拥有多少，而是来自我们能不能对自己所拥有的感到满足。

布莱恩："小朋友，老师教了你不少关于金钱的事情，但是今天要跟你讨论一下，有没有什么东西很重要，并且是金钱买不到的？"

阿财："我来想想，健康很重要，但是又无法用钱买到，对吗？"

布莱恩："没错。"

阿财："还有时间，时间过了就没有了，用钱也买不到。"

布莱恩："对。"

阿财："还有家人！"

布莱恩："对啊，如果没有幸福的家庭，赚再多的钱又有什么意义呢?"

阿财："还有知识，我们一定要好好学习，因为知识无法用钱买到!"

布莱恩："所以你发现了，还有好多比钱更重要的事，对吧!"

◉ 结语

我们越仔细去想，就越会发现我们的孩子其实拥有很多好的特质。我们不能否认，钱是很重要的，因为它可以让我们生活下去。但我们要教育孩子千万不能只追求金钱，而忘记其他更重要的事! 我们之所以赚钱，就是为了过更幸福的生活，如果因为追求金钱而永远感到不满足、不快乐，那就失去初衷了。

让孩子学会分享善意 ▶ ▶ ▶

亲爱的父母朋友们，不要忘记，我们的孩子拥有很多好的特质，这些特质是可以分享的! 比如，看到同学跌倒受伤了，孩子会释放善意，扶他起来，安慰他; 看到有人需要帮助时，孩子会挺身而出; 孩子会分担家人的辛劳，主动关心家人。

让孩子学会分享善意 ▶▶▶

　　我希望每个孩子都能成为一个能做好事、存幸福、懂分享的好孩子。相信我，有好的情商，才有好的财商。不管有没有钱，每个孩子都可以分享他的时间、劳动、才华以及关心与善意。

　　请引导孩子一起思考，哪些东西是无法用金钱买到的，比如关系——友谊、亲情、家人的爱，或者无形的时间……能不能想出 10 个来？

　　我也建议父母与孩子一起准备一个分享账户，与孩子一起讨论要捐赠的对象，以及实际参与的行动计划。

有理财力，更要有解决问题的能力

"填鸭式"教育已经过时了！一个问题只有一种答案的教学方法，或许可以应付考试，但应付不了人生的多重题型。如今，素质教育已被写入新的教学大纲，其用意在于培养孩子的思辨能力和解决问题的能力。

在这里，我们通过"非洲蚊帐大使凯瑟琳"的故事来谈一谈父母应该如何带领孩子进行正确捐赠。

◎ 非洲蚊帐大使凯瑟琳

从事教育事业的我一直有一个不变的理念，那就是不轻视孩子的创意和好奇心！身为教育者，我应该更有耐心地引导孩子。

2008 年 9 月，美国各大电视台、报纸与网络平台都刊登了一个 7 岁女孩的照片，这个叫凯瑟琳的小女孩引起了美国甚至全世界的轰动。她以一个平常人的力量筹集了超过 6 万美元的善款，拯救了数万个小生命，成了一名为非洲儿童募捐蚊帐的"爱心战士"。

凯瑟琳决定投入拯救非洲疟疾行动时才 5 岁。有一天早上，凯瑟琳的妈妈琳达在餐桌上说，她从电视报道中得知，非洲每 30 秒就有一名孩童因疟疾死亡。听到妈妈这么说，凯瑟琳默默地用手指从 1 数到 30，然后悲伤地抬头说："所以，现在，非洲有一个小孩死掉了吗？"

凯瑟琳想帮助这些因疟疾受苦的非洲小孩。后来她知道，使用蚊帐可阻挡蚊子的侵袭，可有效预防疟疾。于是，她提出了"买蚊帐送到非洲拯救当地儿童"的想法。母女俩查询后发现，可以捐款给"蚊帐基金会"，让其制作蚊帐，帮助非洲儿童。

因此，凯瑟琳一家开始到教会演讲，向教友募捐，凯瑟琳与大家宣传疟疾的严重性，她的弟弟乔瑟夫则在宣传活动剧中扮演蚊子，让不使用蚊帐的美国人理解蚊帐确实是扭转疟疾的关键。他们在第一次募捐活动中募得了 1500 美元。接下来，他们前往附近的其他教会，继续演讲与募捐。后来，"蚊帐基金会"得知了 5 岁凯瑟琳的心愿和行动后大受感动，便邀请她担任基金会的"蚊帐大使"。《纽约时报》也在头版报道了凯瑟琳的故事，引发了无数人参与这个充满善意的活动。

别小看一个孩子的起心动念，其能力往往超乎我们的想象！如今，非洲儿童因疟疾导致的死亡率已从每 30 秒死 1 人减少到每 120 秒死 1 人。

◎ 你要给孩子教育还是教训

对一个 5 岁的孩子来说，她可能倾尽所有也买不了一顶蚊帐，但她不气馁，她分享了更为重要的"影响力"。凯瑟琳先影响了家人（妈妈和弟弟），然后影响了一个社区，最后影响了一座城市、一个国家乃至全世界，她的积极行动让更多人开始关注疟疾造成非洲儿童死亡的问题——当然也包括正在阅读本书的你。凯瑟琳的故事甚至吸引了比尔及梅琳达·盖茨基金会，该基金会将凯瑟琳的故事拍成《孩子救孩子》的纪录片，影响了更多人关注非洲儿童因疟疾死亡的问题。

所以，一个孩子能不能被培养出属于自己的特质，跟父母的引导有极大的关系。当孩子跟父母说，他想去救非洲的孩子时，请父母别马上回答："功课都没写完，你还想去救别人！"试着用"教练式引导"，多问孩子几个问题，也许下一个"凯瑟琳"就在你我身边！请记住，培养孩子的多元思维是父母的责任，在任何情况下，给孩子回应时请先想想，你是要给孩子"教训"还是"教育"。

我常用这个故事激励我自己与我的教学团队。当孩子发现问题时，我们要多一点耐心，陪着他们找出事情的根源，然后用实际行动解决问题。最后，我们往往会发现，孩子的勇气和想象力拥有巨大的力量。

◎"教练式引导"的重要法则

通过一些关键的"问"与"答"，父母不但可以帮助孩子提升解决问题的能力，还能够增进亲子关系！在亲子关系上，运用"教练式引导"有四个法则。

以提问代替要求

要想拥有有效的对话，父母必须先有有效的提问。当孩子遇到困难来找你时，你必须要用开放式问句去提问，让孩子认识到问题的全貌，启发孩子找到自己想要的目标，以及通往目标的行进方法。开放式问句就是以"什么（what）、如何（how）、为什么（why）"为首的问句。

同理倾听

在对话的过程中，父母必须要以同理心去倾听。"倾听"要求耳到心也到，放下手边的工作，专心地听孩子在说什么。"同理倾听"就是要找到孩子话语背后的那个理由，理解他们所说的内容；要站在孩子的角度去听他们说了什么，而不是以自己的主观看法去理解他们所说的内容。父母只有放下主观的看法与期待，才能真正做到同理倾听。

正面支持

在对话过程中，父母要给出正面的支持，也就是以正向与肯定的态度让孩子更愿意表达心中的想法。若对话是以批判或怀疑的方式进行的，孩子就会不愿意表达，对话就会中止，也就无法做到帮助孩子找到目标与达成目标的方法了。

不带评价的回馈

在对话过程中，父母要保持中立，当作一面镜子，让孩子知道他们现在处在什么位置，并反射孩子的看法，让孩子看到自己未曾发现的盲点与机会。

第 6 章

在家也能教出富小孩

——投资，从观察生活开始

★ 理解理财与投资的不同
★ 在日常生活中培养孩子的投资能力
★ 选择适合孩子的投资工具

若要在家教出"富小孩"，父母就要先有"富脑袋"！我们来谈谈关于提升儿童财商的最后一环——投资。

什么是父母该有的富脑袋？父母需要先厘清的是，自己的行为是"投资"还是"投机"，自己所拥有的房子、事业、股票、基金是资产还是负债。父母必须先拥有基本的投资观念，然后才能带领孩子提升财商。

理财、投资傻傻分不清楚

　　"理财"和"投资"有什么区别？在父母的训练课程中，这是我常问的问题之一。很多人都听说过这两个名词，但有关它们的明确的解释，很多父母都说不明白。而我给出的正确答案是："投资是理财的一部分。"

　　假设我们的收入为 100 元，其中的 40 元用来买菜，20元作为孩子的教育基金，20 元用来支付房贷，那么剩下的 20 元就可以存为养老金。这就是"理财"。简单来说，理财就是将金钱做适当的分配。我们可以选择用股票存教育基金、买基金存养老金，使用了相关的理财工具就是"投资"。

◎ 我的孩子需要学投资吗

　　有了正确的观念后，有些父母会问："孩子需要学习投资吗？"

　　我的答案是："不一定！"

没错，孩子不一定需要学习投资。

其实，不难理解父母会问这样的问题，因为在大多数父母的成长过程中，连理财都没有人教，更别说学习投资了。所以，大多数人并不了解投资的真正意义。他们以为投资就是低买高卖，或者以为电视台节目里的理财专家所讲的内容就是"投资"。

◎ 投资扭力就是将主动收入转为长期的被动收入

大多数人容易把"投机"和"投资"混为一谈，我常这样跟一些父母分享："孩子喜欢画画，很好！但他们以后能否成为一个会赚钱的画家？孩子喜欢设计，很好！但他们能否成为一个会投资的设计师？"

投资和孩子的兴趣并不违背。

我并不是要孩子去操作金融工具，期望今天买明天卖就会赚大钱。

儿童财商的建立本身是一个系统工程，需要每天细心灌溉、反复练习，所以我们不必急着把金融工具教给孩子。我们的核心思想是先建立孩子正确的价值观，并将其运用在生活中，让孩子理解理财与善用金钱是件快乐且健康的事情。财务自由与否不靠主动收入能力，因为主动收入总有一天会中断或终止。所以，我们必须有将"主动收入"转为长期的"被动收入"的能力。我将这种能力称为"投资扭力"。

投资大师巴菲特先生说过，大部分人之所以投资失败，是因为无法克制人性的两大弱点——贪婪和恐惧。这两个弱点会让很多人陷入财务窘境，所以让孩子从小培养好的财商是这本书最大的期待。

FQ 教养重点

① 理解"投资"是"理财"的一部分。

② 财务自由与否不靠主动收入能力，必须有将"主动收入"转成长期的"被动收入"的能力。

③ 贪婪和恐惧会让很多人陷入财务窘境。

日常生活中的财经课

投资从日常生活开始，能够经常观察生活中发生的事情是一种非常重要的能力。在我们的日常生活中，若你能把自己的消费通过投资赚回来，是不是很有趣？投资大师巴菲特喜欢喝可乐，他认为这种碳酸饮料的吸引力是无法被取代的，所以他持续买入可口可乐公司的股票。至今，可口可乐的品牌价值已超过 700 亿美元，巴菲特的身价当然也随之水涨船高。

⚙ 从生活中观察，培养孩子的投资力

投资和生活有着紧密的关系。当孩子在 7-11 便利店买茶叶蛋时，我们可以借机跟他来场对话。

父母："宝贝，你知道为什么便利店要卖茶叶蛋吗？"

孩子："不知道。"

父母："你想想，一个茶叶蛋卖 10 元，便利店应该可以从中赚 2 元。假设一天卖 20 多个茶叶蛋，一个星期就能卖 150 个左右。你知道吗？一家店一个星期赚 300 元看起来不多，但是现有 5000 家以上的 7-11 便利店，每家店每星期都能卖 150 个茶叶蛋，总部的营业额每周就是 750 万元，一年下来就是 3.9 亿元的营业额，而这还只是茶叶蛋的业绩呢！"

孩子："天啊，好多哦！"

父母："是啊，其实卖茶叶蛋还有另一个更厉害的原因，就是可以吸引客人多停留一会儿。客人原本只是来缴个账单就要走了的，茶叶蛋的香味让客人突然有了食欲，于是心想'那就买个茶叶蛋吧'；然后又看到茶叶蛋旁边还有饭团，便也拿一个；吃的都买了，那也买杯饮料吧……便利店里还摆设了桌椅，提供了用餐的区域，这是不是都帮顾客设想好了？"

超过 5000 家的 7-11 便利店本身就是个巨大的渠道。许多品牌想跟 7-11 合作，就是因为它可以让自己的产品在最短的时间内被大众熟知。如果你觉得便利店很有潜力，那么当它的股东是分享其高绩效的最简单直接的方法。买一家公司的股票，就会成为这家公司的小股东。

培养孩子的"投资力"，其实就是让他们多一种生活体验。至于培养"投资力"的时间，我认为从孩子小学三四年级开始比较合适。父母不用急着一头热地告诉孩子复利、收益率这些较生硬的概念，从观察日常生活开始，让孩子对投资产生兴趣才是最重要的。毕竟，孩子要喜欢理财，才能好好理财。

FQ 教养重点

① 生活中有许多素材，可以从日常观察做起。

② 当股东是分享好公司高绩效的最简单直接的方法。

③ 喜欢理财的孩子，才能好好理财。

孩子几岁开始学投资好

孩子学习理财是一个渐进的过程，需要一个步骤一个步骤地走。很多父母会问："从何时开始比较好？"他们希望能够听到一个确切的时间。但在这里，我的正确解答是："先让孩子拥有理财教育的基础理念，再学习投资，这是比较恰当的做法。"

◎ 理财教育的三个基础

孩子理财教育的三个基础是：

• 储蓄

让孩子养成储蓄的习惯，从而拥有完成目标的信心。

• 消费

教孩子辨别"需要"与"想要"，从而拥有控制预算的能力。

• 捐赠

培养孩子奉献有形资产及无形资产的习惯。

在帮孩子建立以上三个理财教育的基础理念后，从孩子小学三四年级开始，父母就可以教给他们一些投资的理念及实际操作技巧。接下来要做的就是，让孩子"养一只会下金蛋的鹅"！

◎ 养一只下金蛋的鹅

《伊索寓言》里有个"下金蛋的鹅"的故事。

> 有一天早上，农夫发现自家的鹅舍中有一个闪闪发光、金黄色的蛋，他将蛋带回家，惊喜地发现这是一个百分之百纯金的蛋！从此以后，农夫每天都能从鹅舍中得到一个金蛋，他靠贩卖金蛋变得富有起来。
>
> 但是农夫并不满足，且变得越来越贪婪，他想："一天才只有一个金蛋，实在太慢了，若能一下子得到鹅肚子中的所有金蛋，岂不是太棒了！"于是，他决定杀死鹅。他杀死鹅后，却发现鹅肚子里什么也没有！
>
> 农夫后悔不已，却已经来不及了。

我常用这个故事作为教育孩子投资的开场白。这个故事除了教我们"做人不可贪心"外，还教导我们"要具有长期投资理念"。建立长期投资理念，就是让孩子知道，时间可以创造出倍增的效果。这只鹅对农夫来说是资产，不杀鹅，就能让资产倍增。

◎ 用压岁钱养一只下金蛋的鹅

　　现在，孩子的压岁钱数额通常都很大，一般由父母代管。如果这笔钱到元宵节时还在父母或孩子手上，那就代表它还没有被花掉，安全地度过了整个过年期间。这时，许多父母会将这笔钱存进孩子的账户，像例行公事般年年积累至孩子成年。届时父母将钱交还孩子，似乎就尽了身为父母的责任。但若只是帮孩子保管这笔钱，那你可能错过了与孩子沟通金钱观念的好机会，也牺牲了让钱变多的时间魔法了。

　　用压岁钱养一只下金蛋的鹅，就是让这笔钱进入一个固定可回收的账户。比如，定存、收益固定的基金、高收益率的股票，都可以作为养一只下金蛋的鹅的好项目。最好用孩子的名字设立这个账户，因为这是他们的鹅，而不是父母的，同时这也可以让孩子明白，"鹅"不是明天就下蛋的。若能坚持长时间的等待，他们就能拿到更多的金钱回报。这些回报可能来自银行履约的利息，或者股利分红（就像成为便利店的小股东可以领取股利一样）。当这些投资工具配息时，父母一定要把收据保留下来，让孩子感受一下收获"金蛋"的感觉。

　　"金蛋"是一种非工资收入。这种方式可以教育孩子不要因为一时的"想要"，比如买新款手机、出去旅游，就杀了鹅（资产）。吃了鹅，就终止了被动收入，只能满足一时之饱。虽然巴菲特非常喜欢喝可乐，但是他从不轻易卖掉可口可乐的股票，也就是不会轻易杀鹅（资产)!

◎ 养出下金蛋的鹅的四个观念

想要养出一只下金蛋的鹅，需要有四个好观念。

养鹅不杀

让孩子知道"鹅是资产，不会贬值"。对父母来说，与其帮孩子管理金钱，不如帮孩子找一个合适的投资工具，让他们透明化地参与其中。

不要嫌金蛋小

孩子的这个账户在刚开始时确实只会产出很小的金额，比如，把钱拿去定存，存入 1 万元，一年后收获的利息只有 100 多元。但可千万别嫌蛋小，要知道，我们只是把钱存进去，就有了 100 多元的收入，这对孩子来说就是一种非工资性收入。从定存领息开始，让孩子感受收获小"金蛋"的乐趣，再让孩子尝试"基金定投"或者"买股票当小股东"。

搞清楚鹅的主人是谁

这只鹅的主人是孩子，父母千万别拿这笔钱当作自己的炒股资金，或随意地买卖！我们要做的是，培养孩子长期投资及建立资产的理念，这非常重要！

理解时间是有价值的

犹太父母送给孩子的第一份生日礼物是"股票"。可能有人会想："孩子又不懂数字，送孩子股票有什么意义？"其实，犹太父母知道，理财的核心精神就是赚"时间"，时间是有价值的。买一只好股票代表买一家好公司，一只股票会随着时间的延长而变得有价值，你不仅赚了公司成长的收益分红，还享受了时间带给你的回报。

FQ 小教室｜72 法则 ▶ ▶ ▶

"72 法则"是指资产"倍增"所需要的时间。

用 72 除以收益率，即为所需要的时间。假设想将 100 万元变成 200 万元，若选择：

6% 的投资工具，需要 72 / 6 = 12（年）的时间

8% 的投资工具，需要 72 / 8 = 9（年）的时间

12% 的投资工具，需要 72 / 12 = 6（年）的时间

不同阶段的账户分配比例

在前面的章节中，我们介绍了各种不同账户的用途，以及如何与孩子沟通有关"工作"的问题，让孩子知道金钱

的来源，从而体会父母工作的辛劳。

"储蓄"账户是用来完成梦想的，也是孩子第一个应该拥有的账户。

"消费"账户可以让孩子学会支付"想要"和"需要"之间的差价，以及明白记账的重要性，是孩子第二个应该拥有的账户。

孩子在使用"捐赠"账户时，要把每一分钱都发挥出最大效益。

在孩子学习儿童财商的年龄与金额的比例上，我们通常这样建议。

5~9 岁的孩子

每次拿到零用钱后，将其中的 50% 优先存进储蓄账户，再将其中的 40% 存进消费账户，最后将剩下的 10% 放进捐赠账户。

10~12 岁的孩子

每次拿到零用钱后，将其中的 30% 优先放进储蓄账户，再将其中的 30% 存入消费账户、10% 放进捐赠账户，最后将剩下的 30% 放入投资账户（可以渐进式地提升到 30%，无须一开始就存入 30%）。

10~12 岁的孩子已经能处理较大数额的金钱了，若孩子能把每星期数百元到数千元不等的金钱分配好，他们其实就已经在执行成人财商中的"专款专用"技巧了。

理财制胜关键 ▶ ▶ ▶

大人理财的制胜关键是纪律。
孩子理财的制胜关键是习惯。

当孩子到了初高中时，父母会将一部分生活费用直接拨给孩子自行支配。这些钱包括在外用餐、交通、生活用品等部分日常生活费用。青少年的物欲不像幼童那样容易满足，在消费行为上有时会受到同学的影响，他们极有可能把生活费直接拿去购买自己想要的商品，导致没能好好吃饭，甚至还会跟同学借钱，这都不是我们所乐见的。

因此，我们要求孩子从小做好记账、将小钱分配好，循序渐进地就可以把大额的金钱给孩子管理了！

FQ 教养重点

① 从孩子读小学三四年级开始，父母就可以给予孩子一些投资的理念及实际操作指导。

② 建立长期投资理念，就是让孩子知道，时间可以创造出倍增的效果。

③ 养出下金蛋的鹅的四个观念：养鹅不杀、不要嫌金蛋小、搞清楚鹅的主人是谁、理解时间是有价值的。

我们这一家

与孩子说明家庭的财务状况，让孩子参与家中的理财规划，明白收入、消费和风险的联动关系。

◉ 单元目的

让孩子了解家中的财务分配状况，从而理解每个决定及其影响。

◉ 活动人数

3 人以上。

◉ 用具准备

笔、家庭规划表（见附录）、命运卡（见附录，请裁下使用）。

◉ 活动内容

1.角色分工。决定大人 A（或爸爸）、大人 B（或妈妈）、小孩的角色定位（可以让孩子进行角色扮演，或者以真实的身份进行）。

2.角色职责。由大人 A 当队长，当大家意见不同时，大人 A 可以做最后决定，大人 B 要负责记录家中的收支。

3. 角色情境及规则说明。

情境：家庭收入合计 5 万元，住在自己拥有的公寓内。

规则：家庭中的每个决定都要由家庭成员一起讨论，大家共同做出决定。但是要记得，每个决定都会影响之后的命运。

提醒：要衡量家中的经济状况，妥善分配金钱，不要把钱全花在同一个项目上，如果活动进行到家庭破产，游戏就算结束了。

🍎 第一阶段：选择与规划

1. 由大人 A 依次读出以下选择题。

选择一：你们家会不会把每个月薪水的一部分进行固定储蓄？选择会或不会，会的话将储蓄金额放到一旁，不可动用，请大人 B 登记支出。

选择二：你们家每个月会不会固定拿钱去投资？选择会或不会，会的话请决定选择投资股票还是基金，并决定其金额（价格请参照家庭规划表），请大人 B 登记支出。

选择三：你们家大人会不会在工作之余花钱进修学习（比如外语、营销、经营管理等），加强自己工作上的知识和能力，以利于将来的工作升迁或加薪？选择会或不会，会的话请决定是让大人 A 还是让大人 B 去进修，或者两位都去进修，并决定其金额，请大人 B 登记支出。

选择四：你们家会不会花钱让孩子学才艺，从而提升孩子的技能？选择会或不会，会的话请决定选择让几个孩子学才艺，并决定其金额，请大人 B 登记支出。

选择五：你们家会不会购买全民健康保险？选择会或不会，会的话请决定要买什么保险，帮几个人买保险，并决定其金额，请大人 B 登记支出。

选择六：你们家会不会再花钱为家人买其他保险？选择会或不会，会的话请决定要买什么保险，帮几个人买保险，并决定其金额，请大人 B 登记支出。

选择七：你们家要不要购买房屋灾害险？选择会或不会，会的话决定其金额，请大人 B 登记支出。

2. 每道题目的讨论时间为 30 秒。

3. 请大人 A 将决定支出的金额告诉大人 B，由大人 B 将其登记在家庭规划表（见附录）上，并清楚记录收支状况。

🍎 第二阶段：状况实战

根据刚才大家所做的决定想一想，在遇到实际状况时，这些决定是否能带来实际的好处或者减少损失。请准备 8 张命运卡（见附录）。

1. 家中所有成员进行抽排，轮到的人抽出一张命运卡。

2. 读出命运卡内容并执行，当场支付结算。

3. 抽完 5 张命运卡后进行总结算。将股票、基金都以最后的价格卖掉，看看总金额为多少。

◉ 引导反思

如果游戏可以再来一次，回到选择阶段，想想哪些选择是想改变或调整的？为什么？

◉ 结语

游戏中的命运卡都是生活中可能会遇到的实际状况，我们在选择阶段就需要想好怎么分配金钱。先看一看游戏中有哪些类别和目的（积累财富、充实自己、降低风险损失），再想一想如果没有选择阶段，直接进入实战阶段，我们剩下的钱会更多还是更少。

可以说，选择阶段就是提醒我们要做好准备。当意外发生时，我们可以降低损失；当机会来临时，我们可以增加收入！

你的平板电脑是资产还是负债

《富爸爸穷爸爸》作者罗伯特·清崎曾为资产及负债下了清楚的定义：

> 资产是无论你是否上班，依然会一直帮你把钱放进口袋的事物。
>
> 负债是就算其自身价格上升，依然会把钱从你口袋中拿走的事物。

所以，别误以为"有土斯有财"！要想一想你所拥有的事物，哪些是资产，哪些是负债。

◎ 你住在你的负债里面吗

"有土斯有财"是从古传承至今的理念。很多人认为，每个人都要有属于自己的房子，这样才能证明自己的能力。这种状况在当代中国尤其明显，父母除了拥有自己住的房子外，还要给下一代准备一套房子，因为有"房"已成年轻人结婚的必备条件之一。很多人看见同事买了房，心中难免会产生一种急迫感，甚至会觉得自己租房子是件丢脸的事。

在这里，我想让大家从另一个角度来思考："你正住在你的负债里吗？"

如果你勉强买了房子，但房贷的支出超过你的收入的1/3，你的生活就会非常辛苦，这也会影响家庭的生活质量。而且，由于大部分收入都拿去偿还房贷了，你也会失去投资的机会。此外，持有一套房子的成本也是相当高的，各种税费和管理费都是房子的必要支出。因此，我建议你的房贷支出不要超过你的收入的1/3，若超过了，房子就成了你的负债。如果开始时你是租房子居住，但只要做好理财分配、积累财富并学会投资，再去买房子就会比较从容。

富脑袋与穷脑袋

犹太人认为，有钱人有一颗富脑袋，花时间管理资产；穷人整天忙于购买自己的负债，所以有一颗穷脑袋。在生活中，我们常常会买东西，但缺乏理解"购买的背后动机"。

我曾有一对房客，太太是我们中国人，先生是犹太人。有一天，夫妻俩去逛街，太太突然觉得肚子饿了，她发现街上有一个卖 50 元一份的炸鸡排摊子，很想吃。先生却告诫她，快接近晚餐时间了，不该吃这个东西，而且他认为吃炸鸡排也不会给太太的身体带来好处。走到百货公司，先生突然发现一双价值 6000 元的鞋子，看上去非常舒服，就跟太太说，快来试试这双鞋吧，一定很好穿！太太一试果然觉得很适合，先生说："买下来吧，因为你非常需要一双舒适的好鞋，这对你的健康也很好。"

6000 元的鞋对犹太人来说就是资产，因为它可以带来健康和保护好太太的脚。而 50 元的炸鸡排虽然不贵，但对他来说就是负债，因为它对健康没有益处。所以，是资产还是负债，并不在于金额的多寡，而是看你所购买的物品能否带来更大的价值。

那么，你清楚自己目前拥有的哪些是资产，哪些是负债吗？如果父母能够厘清自己的资产与负债，那么在对孩子进行财商教育时就能更加有的放矢。这个阶段的孩子拥有的资产并不多，但若孩子能善用自己的优势及专注力，培养一两样兴趣或技能，并持续地投入积累，他们无形中就已经是在为未来创造资产了。

◎ 平板电脑、名牌运动鞋、读书学习，是资产还是负债

对于如何引导孩子辨别资产与负债，父母可以看看以下对话。

阿财："布莱恩老师，你有梦想吗？你在我这个年纪时，有没有想过自己长大以后要过什么样的生活？"

　　布莱恩："有啊，我想要创业当一个老板，发挥自己的影响力，为社会做出很多贡献。"

　　阿财："哇！那你已经实现梦想了啊！"

　　布莱恩："是啊。在比利时，曾经有人对 1000 位爷爷奶奶进行了问卷调查，问他们这一辈子做过的最后悔的事情是什么。你知道吗？排在第一的答案竟然是'年轻时，一直选择跟别人做一样的事，而没有去努力实现自己的目标'。

　　"布莱恩老师希望，你长大以后能实现自己的目标，不要等到老了才后悔。所以，我要送给你一个礼物，那就是把你的脑袋调到'智能模式'。你知道为什么很多人长大以后可以过自己梦想的生活吗？那是因为他们拥有很丰富的资产。"

　　阿财："什么叫'资产'啊？"

　　布莱恩："资产可以不断把钱和价值带到你的口袋里，比如，你买了很多书，所以你的写作能力就会不断提升，成绩就会越来越好，你就可以进入更好的学校。资产带来的好处和价值是不断持续的。但是，有很多人都搞错方向了，他们拥有的东西不是资产，而是'负债'。负债会不断消耗你口袋里的钱，但又没有帮你创造出具有新价值的东西。比如，你已经拥有某一种类型的玩具了，但是你还是不断购买类似的玩具，那么这些你根本玩不过来的新玩具就是负债，因为它们不会为你创造出更多的价值。假如你有很多这样的负债，口袋的钱只会越来越少，那么你想拥有喜欢的新东西就会变得更加困难。阿财，你希望自己生活中是多一些资产还是多一些负债呢？"

阿财："当然希望多一些资产了！"

布莱恩："聪明！但是，很多人会不小心把负债当成资产。我来考考你，你思考一下，名牌运动鞋是资产还是负债？"

阿财："名牌运动鞋？应该是负债吧！"

布莱恩："如果一双好的运动鞋让你走路更稳健、更有效率，或者让你的身体更健康，那么这双鞋就是你的资产。如果你只是为了炫耀，或者因为它是名牌而买它，那么这双运动鞋就是你的负债。"

阿财："那平板电脑呢？"

布莱恩："如果一台平板电脑让你的学习变得更方便，为你节省了很多时间，或者让你的学习变得更有趣、更轻松，那么它就是你的资产。但如果你只是用它看动画片、玩游戏，它就是你的负债。所以，一件东西是资产还是负债，取决于它能不能为你带来价值。如果它能为你带来价值，它就是你的资产；如果它只给你带来了损耗，它就是你的负债。"

阿财："那我在学校读书呢?"

布莱恩："在学校读书能够积累知识,让你长大后有比别人更多的机会或能力,所以用来工作和生活的专业知识都是你的'无形资产'。有形资产是看得到、摸得到的,比如房子、股票和基金。无形资产虽然看不见,却能增加你的价值,比如知识、健康、才艺,都属于一个人的未来竞争力。

"阿财,虽然你现在没有办法投资有形资产,但你可以积累自己的'无形资产'。你每天在学校学习新知识、新才艺,其实就是在投资自己,进而让自己变得更好。

"所以,你发现了吗?是资产还是负债,其实是你大脑做出的一种消费选择,如果你有了一颗富有的脑袋,那么你看事情的角度也会不同,你会让自己的每一次花费带来的都是资产,产生新的意义、进步与成就感!"

阿财："哇,我开始对上学产生兴趣了耶!"

布莱恩："太好了!回去以后,你可以跟爸爸妈妈一起画一张资产负债表。在买一样东西或者决定做一件事之前,你都要想一下它对自己是否有帮助,它是你的资产还是负债。若能常用这个思维模式思考问题,你逐渐就会做出更有智慧的决定,将来不会成为只会后悔的老人家了,希望你能成为梦想的实践者!"

FQ 教养重点

① 资产是无论你是否上班，依然会一直帮你把钱放进口袋的事物。

② 有钱人有一颗富脑袋，花时间管理资产；穷人整天忙于购买自己的负债，所以有一颗穷脑袋。

③ 带孩子厘清资产与负债的关系，让花费带来资产，产生新的意义、进步与成就感！

是资产还是负债，其实是你大脑做出的一种消费选择！

什么是资产，什么又是负债呀？

"苹果婆婆"的果园

　　乡下的小村庄里有个"苹果婆婆"，她种的苹果质量好，远近驰名，人们光是经过她的果园就会闻到扑鼻而来的苹果香。

　　苹果婆婆非常重视质量，绝不使用农药，主张有机种植，把果园当作孩子般细心照料，常常早出晚归。随着苹果生意越来越好，苹果婆婆的健康水平却日渐下滑，有一天她体力不支，病倒了。从那天起，她再也无法管理偌大的果园。苹果婆婆舍不得自己辛苦大半辈子的果园就这样关掉，也不想让顾客失望，那么她该如何让苹果香继续飘散呢？

　　小朋友，你可以帮帮这位婆婆吗？

　　我们可以用这个故事与孩子分享"解决问题的能力"和"辨别资产"的概念。当然，这里没有标准答案，即使孩子的答案天马行空也没有关系！

　　解决问题的能力在儿童财商教育中是很核心的一环，我们会强迫孩子思考、组织语言且设身处地为他人着想，从而做出合理的决策。讨论时，老师会加入资产的概念。在我们的定义下，只要是能增加未来收入的投资，不论是人力还是设备，都可以被视为"有效资产"。

在课程中，孩子们分组讨论，思考如何才能够帮苹果婆婆延续经营苹果园。小朋友想出了许多办法，比如增加员工、购买良好的锄草设备、利用网络订单、将苹果园转型成观光果园、开发苹果的加工产业，等等。

借助这个活动，孩子可以思考资产是什么。通常来说，现阶段的孩子没有太多金钱，我们可以引导孩子去思考自身的无形资产，比如健康、友谊、时间等，从而让孩子珍惜自己现阶段的资产。

另外，我们还可以进一步激发孩子思考产业转型问题。创新不只是创造出新兴的产业，从传统产业中想出新技术和好点子也是一种创新。我们期待更多创新人才的出现。

适合孩子的投资工具

在过去的工作经验中，我知道投资的核心不该是短进短出，我们使用的金融工具能"让我们睡得着"是很重要的。台湾地区的投资者平均持有基金的时间是 2.6 年，比全球的平均 2.9 年更短。若基金持有时间太短、周转率过高，或者常常进行基金转换，比如，把 A 基金换到 B 基金，把 B 基金又换到 C 基金……那么扣掉手续费用，到最后可能是白忙一场。投资，就是要享受复利带来的魔力。其前提是要长期持有，只有投资足够长的时间，我们才能看见投资的效果。爱因斯坦说过："复利的威力超越原子弹。"

若能协助孩子找到合适的投资工具，那么孩子获得未来教育基金或者进入社会的第一桶金，都是值得期待的目标。

❋ 挑选合适的投资工具

若能将孩子平时积累的零花钱以及存下的压岁钱、奖学金、兼职薪资等依前文所说的比例拨到投资账户，父母就应该协助孩子找到一个合适的投资工具进行投资。

提醒父母朋友们，这里说的是"投资"而非"投机"。只要能够通过时间和复利创造长期收益，无论选择哪种工具，单一或多重使用，都没有问题。好好利用这份资产，让孩子养一只"会下金蛋的鹅"吧！

○ 定存

这里说的定存，是"外币的定存"。外汇买入是个不错的投资选择，尤其是孩子未来若有出国需求，就可以长期分批买进所在国家的货币，避免一次换兑的风险，重点是可以将这笔资金进行定存，赚取利息。除了可以抵抗通货膨胀外，这还是一种领"金蛋"的行为。选择的外币以主流货币为主，避免买入风险较高的外币，比如南非兰特等。

○ 用"基金"滚出第一桶金

我认为，基金是最适合长期投资的工具。基金是买"一篮子股票"，其风险相对股票来说小很多。如果单买个股，万一这家公司表现不好甚至退市，投入的钱可能就拿不回来了。

每个月定时定额的基金投资法又被称为"平均成本

法"。其意思是，不管涨跌，皆以固定时间投入固定金额。这种投资方法适合不看大盘的投资者。将钱交给基金经理操作，通过长期的定时定额投资，加上不定时增额，是投资基金最聪明的方法。

基金的购买方式是用单位数购买，以苹果为例：若苹果在市场上的价格是 10 元／个，那么 100 元可以买 10 个苹果；若苹果的单价到了 20 元／个，那么同样的 100 元只能买 5 个苹果；若苹果的价钱跌到 5 元／个，那么 100 元可以买到 20 个苹果。以这样的方式投入三次 100 元，这时手中的苹果总计有 35 个。当苹果的单价回到 10 元／个时，我们将这 35 个苹果全部卖掉，就可以获得 350 元。

买基金的方式跟上述买苹果的方式很像，所以当基金的净值越往下跌时，同样的金额可以买到的"单位数"就越多，反之则越少。基金本身已经是经过筛选的股票，较为稳定，所以用购买基金的方式来积累孩子的教育基金是很适合的。同时，以每月 3000 元定时定额投资基金，也是门槛较低的投资方式。

不定时增额是指当市场发生恐慌事件，基金的价格跌至较低时，一次性买入较多的基金单位数。我认为，这两种方式互相搭配购买基金是最佳方式。一般会有专业基金经理给我们提供咨询建议，大家可以善用这个咨询渠道，现在用网络银行操作基金买卖也很方便。

◎ 不当"股票菜篮族"

"股票菜篮族"是形容随便看看报纸、电视，或听朋友聊聊，就跟着买股票的族群，我不希望父母朋友们用这种方式教孩子。我在前文提到过，犹太人送给孩子的第一份礼物是股票，就是希望这只股票能成为资产，陪伴孩子一起成长。

公司发行股票的本意是希望投资者把钱投入公司，成为这家公司的股东，等待分红。这原本是个很棒的工具，只是很多人把股票当成极短线的套利工具，使其失去了原本的投资意义。

一家好的公司是值得投资且长期持有的，想想巴菲特买可口可乐的股票，会今天买明天卖吗？所以，父母朋友们应该把"赚取股利的理念"教给孩子。许多公司愿意跟投资者分享利润，比如，前文提到的便利店就是个很好的投资目标，收益率也很高。若孩子能每年买一点类似的股票，并跟日常生活连接起来，当别的孩子还沉迷在游戏中时，你的孩子就已经开始当个小股东了，这是很有成就感的事情。

当然，股票是三种投资工具（定存、基金、股票）中风险相对较高的。不过从长期来说，其收益率也是最好的。其实，工具没有好坏，只有适不适合，请选择适合自己的投资工具和投资方式吧。

◎ 一个 35 元番石榴的故事

这是一个真实案例。我的学生小铠有一天不太想吃水果，他突发奇想，想把学校营养午餐里的番石榴卖给同学。他真的找到了买家，且价钱也出奇地好！这笔交易居然还有议价的过程，对方的出价从原来的 20 元，一路提高到 35 元。这对一个小学一年级学生来说，是个很成功的销售经历。

不过，小铠妈妈却觉得很困扰：这样的行为到底好还是不好呢？

其实，我们可以看出，小铠的这个行为非常有创意。孩子为了自己的目标想些方法去赚取报酬是值得鼓励的。在美国，很多父母非常愿意给孩子提供一些交易及打工的机会，鼓励孩子赚取零用钱，比如，帮助邻居洗车、除草，或者亲手制作一些小东西到学校去贩卖。我认为这样的教育方式很合理，因为"财商就是生活"，用付出劳动和买卖物品的方式换取报酬没什么不对。

不过，在这个案例中，我们还可以告诉小铠："饭后水果有很多你需要的营养元素，所以我们不应该出售自己需要的东西。如果你那天真的不想吃番石榴，那么与同学免费分享的方式会更好！"

你们家也有类似的状况吗？像小铠这样的孩子，平时在家也一定十分古灵精怪，非常清楚自己的欲望或目标。父母这时候可以给他们一些非家务的"工作机会"。

我在教育活动中也有一次类似的经验。我让孩子制作手工饼干，并加以包装，扣掉成本和工资，孩子可以把收入捐给公益基金。父母朋友们也乐于奉献时间、陪伴孩子，让孩子学会分享。孩子可以通过这个过程把创业流程再走一次，从中学到有关创造、付出和经营的知识，这也是对我们提倡的"财商就是生活"的实践演练。

FQ 教养重点

1. 投资的前提是长期持有，拥有足够长的时间，才能看见投资的效果。
2. 发行股票的本意是希望投资者把钱投入公司，成为这家公司的股东，等待分红。
3. 工具没有好坏，只有适不适合，请选择适合自己的投资工具与方式。

后 记

财商就是生活

有机会分享这些年的教育心得，我要感谢出版单位及其编辑团队。纸长情更长，想说的千言万语，生怕在字句间讲不清楚，还好有专业的编辑团队，让读者朋友们在阅读时能够更加赏心悦目。

在写作的过程中，我心中唯一的期许就是通过文字，为家长们提供一个工具，从零开始建立孩子的基础财商。"有效提升儿童财商，让幸福从小扎根"是我的使命，无论是在哪个地方演讲，还是进行课程实践，这都是我常放在心上的重点。我也常跟我的团队伙伴们讲，一个"好"的儿童财商教育团队要符合三个条件：有正确财商观念的老师，有丰富的教学系统课程，以及有能力教育家长。

其中，我认为最困难的就是有能力教育家长。从多年教学经验中发现，我们让孩子在课程中学习到了有关金钱的知识与技巧，孩子回家后却听见爸爸告诫："刚刚摸完钱要去洗手,钱上面有很多细菌,很脏!"妈妈说:"上星期给你买的铅笔怎么弄丢了?不要一直浪费钱好吗!"奶奶疼惜孙子:"阿孙,这次考试若考100分,我给你100元!"这类情景都将财商的课堂教育打回原形。

一直以来,我们提倡"财商就是生活",就是希望父母能将生活中的金钱语言归零,并通过实用且活泼的内容,让家长的金钱观与孩子的金钱观调成同频。在我们过去的经验里,其实教孩子与教大人几乎没有差别。我们希望孩子能按照目的分配金钱,分别建立储蓄、消费、捐赠、投资的账户。对大人而言,这就是"资产配置"。

在父母课堂中,我会跟家长分享两个重要时期的财商制胜关键。

第一,对孩子来说,财商的制胜关键是"习惯"。

第二,对大人来说,财商的制胜关键是"纪律"。

财商塑形的关键就在童年时期!请父母切记,每个日常情境都是培养孩子正确金钱观的好机会。在教孩子的过程中,父母也要重新检视自己的理财行为,在培养孩子财商的同时让自己拥有高财商,从而让自己成为负责的大人。

借助这本书的出版,跟父母朋友们分享我多年的财商培养实战经验与教学理念,希望对各位的金钱教育有所帮助。即使是不善理财的父母,也能轻松跟着这本书和孩子一起培养正确的理财观念,走向财务自由的未来。

附 录

与 自 己 的 金 钱 约 定

我是_____。

　　从今天开始，我与自己立下约定，要成为金钱的好管家。

　　我知道每一元钱的价值，当我每次获得收入时，都会先存后花，善用每一元钱是我的工作，也是我的使命。

立约人：_____小朋友

见证人：_____（家长）

日期：_____年_____月_____日

花费 ¥ **SPEND**

日 期	项 目	金 额	余 额
	上周 剩的钱	+	
	本周增加	+	
		-	
		-	
		-	
		-	
		-	
		-	
		-	

本周剩的钱_____

储 蓄 ¥ **SAVE** 月

我的梦想·金额_____

Picture

日 期	存入金额	积累存款

我 的 点 点 贴 纸 记 录

该完成的事　　星期	一	二	三	四	五	六	日

本周结算：＿＿＿＿＿＿＿＿＿＿＿＿

发现工作大不同

学习目标：1. 了解劳动创造收入
　　　　　2. 得知赚钱不容易
　　　　　3. 认识各种类型的工作

把圈圈涂满，看看谁能在 3 分钟之内涂完最多的圈圈，涂得越多就代表工作完成得越多。要记得把工作做好，圈圈一定要涂满，不可以超出框线。

○ ○ ○ ○ ○ ○ ○ ○ ○ ○

○ ○ ○ ○ ○ ○ ○ ○ ○ ○

○ ○ ○ ○ ○ ○ ○ ○ ○ ○

○ ○ ○ ○ ○ ○ ○ ○ ○ ○

○ ○ ○ ○ ○ ○ ○ ○ ○ ○

发现我的脑袋
会赚钱

学习目标：1. 介绍创意类工作
2. 创意带来收入
3. 认识合作经济

动动脑，请把以下的"日"字加上一笔变成新的字或不同的图案，看看谁最有创意。

日 日 日 日

日 日 日 日

日 日 日 日

日 日 日 日

财商教养，
带孩子玩出

FQ力

| 职 | 业 | 卡 |

财商教养，
带孩子玩出

FQ力

| 职 | 业 | 卡 |

财商教养，
带孩子玩出

FQ力

| 职 | 业 | 卡 |

财商教养，
带孩子玩出

FQ力

| 职 | 业 | 卡 |

小学老师

做这个工作的人：

要有大学学历。

要喜欢小孩。

男性和女性都可以做这个工作。

大部分时间都在室内工作。

随手要准备很多的纸、铅笔、蜡笔和书。

不在办公室工作。

要帮助小朋友学新的事物。

做这个工作的人在教室上班。

电脑工程师

做这个工作的人：

要有大学或高职学历。

会学习新的电脑语言。

会使用硬件和软件。

可能会用到打印机。

可能会建立网站或撰写程序。

可能会维修屏幕、键盘、主机。

在办公室工作。

男性和女性都可以做这个工作。

垃圾收集员

做这个工作的人：

通常不需要上大学。

通常会穿制服或比较旧的衣服。

无论天气好坏，这个工作都得在室外进行。

必须会开卡车。

可能把自己弄得很脏。

提供一种社区里每个人都需要的服务。

男性和女性都可以做这个工作。

在不同的街道穿梭。

会另外收集回收物品。

警察

做这个工作的人：

不一定要上大学。

必须了解法律，知道如何与人沟通。

会搜集线索，解决问题。

要接受特别的体能训练。

通常会穿制服。

会提供服务。

会轮值，所以一天24小时都会有人坚守岗位。

会使用特别的设备。

这个工作可能是危险的。

有时候会开一种特别的车。

财商教养,
带孩子玩出

FQ力

| 职 | 业 | 卡 |

财商教养,
带孩子玩出

FQ力

| 职 | 业 | 卡 |

财商教养,
带孩子玩出

FQ力

| 职 | 业 | 卡 |

财商教养,
带孩子玩出

FQ力

| 职 | 业 | 卡 |

儿科医生

做这个工作的人：

男性和女性都可以做这个工作。

要上大学，而且还必须接受好几年的专业训练。

可能会穿制服或外袍。

最常使用一种特别的配备让他们可以听到心跳，检查别人的眼睛、鼻子、耳朵。

在办公室、诊所或医院工作。

会帮助小朋友保持健康，或治疗受伤、生病的小朋友。

工厂作业员

做这个工作的人：

男性和女性都可以做这个工作。

做这个工作的人制造产品。

这个工作不需要大学学历。

和机械装置一起工作。

在室内工作。

在工厂的生产线工作。

做这个工作的人需要很专心。

木工

做这个工作的人：

男性和女性都可以做这个工作。

在室内和室外都可以做这个工作。

做这个工作的人有一个工具箱。

要接受特别的训练，或被专业人士教导过。

最常使用槌子、锯子、钉子、螺丝刀或其他工具。

会用木头盖房子或做各样家具。

公交车司机

做这个工作的人：

男性和女性都可以做这个工作。

必须是很小心的驾驶员。

有可能为学校工作。

应该喜欢与人接触。

应该喜欢驾驶。

帮助别人去上班、上学或去其他地方。

通常会在某个特定的路线驾驶。

财商教养，
带孩子玩出

FQ力

| 职 | 业 | 卡 |

财商教养，
带孩子玩出

FQ力

| 职 | 业 | 卡 |

财商教养，
带孩子玩出

FQ力

| 职 | 业 | 卡 |

财商教养，
带孩子玩出

FQ力

| 职 | 业 | 卡 |

商店销售员

做这个工作的人：

男性和女性都可以做这个工作。

不一定要上大学。

喜欢与人接触。

要和电脑或收银机一起工作。

要数钱。

协助客人购买商品或提供服务。

要站着工作。

要检查货架上的商品。

行政助理

做这个工作的人：

男性和女性都可以做这个工作。

要会文书处理。

有书桌。

要会使用电脑、电话、传真机或其他办公设备。

要协助别人完成工作。

在办公室工作。

发型设计师

做这个工作的人：

男性和女性都可以做这个工作。

不一定要上大学。

要接受特别的训练。

要使用剪刀、吹风机和梳子。

帮助别人看起来更整洁。

在店里工作。

要站着工作。

要处理别人的头发。

| 职业对应条件表 |

选取五个职业，
勾勾看每个职业需要的条件。

职业名称	专业知识能力	认真负责态度	需花时间学习	基本认知能力

财商教养，
带孩子玩出

FQ力

| 命 | 运 | 卡 |

财商教养，
带孩子玩出

FQ力

| 命 | 运 | 卡 |

财商教养，
带孩子玩出

FQ力

| 命 | 运 | 卡 |

财商教养，
带孩子玩出

FQ力

| 命 | 运 | 卡 |

大环境

台风来袭，房屋受损。
修理门窗 2000 元，
修理屋顶 2500 元。
若有投保房屋灾害险，
可获得保险公司 4000 元补偿。

个人

妈妈买菜时出车祸。
若妈妈有买健康保险，
请支付 1000 元医疗费。
若妈妈没有买健康保险，
请支付 3000 元医疗费。
若妈妈有买医疗险，
可获得保险公司 1000 元补偿。
若妈妈有购买意外险，
可获得保险公司 1000 元补偿。

个人

小朋友（弟弟或妹妹）
参加才艺大赛。
小朋友经过培训，
获得最佳表现奖，
可获得 1200 元。

个人

小朋友（哥哥或姐姐）
在学校踢球时扭伤脚。
如果有买健康保险，
请支付 1200 元医疗费。
如果没有买健康保险，
请支付 3000 元医疗费。
若小朋友有购买医疗险，
可获得保险公司 1000 元补偿。
若小朋友有购买意外险，
可获得保险公司 1000 元补偿。

财商教养，
带孩子玩出

FQ力

| 命 | 运 | 卡 |

财商教养，
带孩子玩出

FQ力

| 命 | 运 | 卡 |

财商教养，
带孩子玩出

FQ力

| 命 | 运 | 卡 |

财商教养，
带孩子玩出

FQ力

| 命 | 运 | 卡 |

大环境

股市波动，
投资股市或基金的家庭，
可依此价格买入或卖出。
A 股票　股票一股 1000 元，
B 股票　股票一股 4000 元，
A 基金　基金一只 2200 元，
B 基金　基金一只 1500 元。

大环境

股市大涨，
投资股市或基金的家庭，
可依此价格买入或卖出。
A 股票　股票一股 3500 元，
B 股票　股票一股 5000 元，
A 基金　基金一只 2500 元，
B 基金　基金一只 3000 元。

大环境

银行发利息，
有存款的组别，
每 1000 元可领取 50 元利息。

个人

爸爸的公司有升迁的机会，
有进修的爸爸，因能力较好，
获得公司的赏识，
晋升为主管，
获得加薪 5000 元。

| 家庭规划表 |

	类别	在 □ 打 ✔	项目单价	数量	对象	支出	支出	收入
			选择记录				实际记录	
一、	储蓄	拿薪水一部分来储蓄	以 1000 元为单位					
二、	投资	□会 □不会 买 A 股票	1 股 2000 元	__ 股				
		□会 □不会 买 B 股票	1 股 3000 元	__ 股				
		□会 □不会 买 A 基金	1 只 2500 元	__ 只				
		□会 □不会 买 B 基金	1 只 2000 元	__ 只				
三、	进修	□会 □不会 工作进修	1 人 2500 元	__ 人				
四、	学习	□会 □不会 让小孩学才艺	1 人 1000 元	__ 人				
五、	健康保险	□会 □不会 买全民健康保险	1 人 200 元	__ 人				
六、	其他人身保险	□会 □不会 买意外险	1 人 300 元	__ 人				
		□会 □不会 买医疗险	1 人 500 元	__ 人				
七、	财产保险	□会 □不会 买房屋灾害险	2000 元					
剩余金额：			元					

家庭规划表

选择记录						实际记录	
类别		在 □ 打 ✔	项目单价	数量	对象	支出	支出	收入
一、	储蓄	拿薪水一部分来储蓄	以 1000 元为单位					
二、	投资	□会 □不会 买 A 股票	1 股 2000 元	__ 股				
		□会 □不会 买 B 股票	1 股 3000 元	__ 股				
		□会 □不会 买 A 基金	1 只 2500 元	__ 只				
		□会 □不会 买 B 基金	1 只 2000 元	__ 只				
三、	进修	□会 □不会 工作进修	1 人 2500 元	__ 人				
四、	学习	□会 □不会 让小孩学才艺	1 人 1000 元	__ 人				
五、	健康保险	□会 □不会 买全民健康保险	1 人 200 元	__ 人				
六、	其他人身保险	□会 □不会 买意外险	1 人 300 元	__ 人				
		□会 □不会 买医疗险	1 人 500 元	__ 人				
七、	财产保险	□会 □不会 买房屋灾害险	2000 元					
剩余金额：				元				